KB268326

도시와
테이블에 놓인
노트

Notebook
on Cities and
Tables

도시와 테이블에 놓인 노트

Notebook on Cities and Tables

글 오명은

이야기를 찾는
다큐멘터리 작가의
도시 산책

다반

우리가 도시를 기억하는 방식에 대하여

도시는 그저 지도 위의 좌표일까. 촘촘한 빌딩으로 이어진 콘크리트 덩어리인가.

어떤 사람은 한 도시를 자신의 정체성으로 받아들인다. 또 누군가는 전혀 낯선 도시에 둥지를 틀고 그 땅의 사람들과 환경 속으로 깊이 들어간다. 여행자들은 이 도시에서 저 도시로 움직이면서 그곳을 탐색하고 새로운 시선을 얻어 전혀 다른 것들을 만들어 낸다.

한 도시를 기억한다면, 우리는 무엇 때문에 그 장소를 말하게 되는 것일까.

소설가는 다음 문장을 이끌어 줄 도시를 찾는다. 영화

는 그 일이 일어날 법한 도시를 비춘다. 음악은 도시라는 '신'(scene)에서 들려오는 사운드의 감각에 집중한다. 화가가 사는 도시는 자연스레 그의 붓끝으로 살아난다. 독자는, 관객은, 작품으로 발이 닿지 못한 도시를 이미 알고 있다. 도시는 그 장소를 거쳐 간 세월과 기억이 층층이 쌓인 거대한 노트이다.

빔 벤더스는 1989년 다큐멘터리 〈도시와 옷에 관한 노트〉(Notebook on Cities and Clothes)에서 패션디자이너 요지 야마모토와 함께 도시와 옷 사이의 정체성을 탐구한다. 우리는 각자의 방식으로 도시를 바라볼 수 있다. 나의 방식은 그 도시를 걸어 보는 것이다. 걷는 것은 눈으로 보는 것만이 아니라 발바닥과 어깨, 호흡으로 그 장소를 직접 감각하는 일이다. 도시가 다 드러내지 않는 것들에 다가서서 눈높이를 맞추는 '낮은 자세의 대화'이다. 도시는 밖에서 완성되지만 기억은 테이블 위의 노트에서 완성된다. 거대한 한 도시를 한 사람이 소유할 수는 없지만, 노트 한 권에는 이 도시를 나만의 방식으로 담을 수 있다.

옛 탐험가들은 지도의 '테라 인코그니타'(Terra Incognita,

미지의 땅)를 찾아 길을 나섰다. 지도가 모든 것을 알려 주는 오늘날 어떻게 이를 발견할 수 있을까. 효율적인 최단 거리로 걷는 현대인들에게 도시는 여전히 '보이지 않는 땅'이지만, 걷는 사람들은 알려진 곳에서 미지의 땅을 찾을 수 있다.

테이블 위에 놓인 나의 노트는, 그렇게 '알려진 도시'의 이면을 기록하며 '미지의 도시'를 그려 나가는 하나의 '종이 다큐멘터리'이다. 방송 인터뷰를 하듯 자신의 작품 속에 도시의 목소리를 들려주는 많은 거장들을 초대했다. 그 문장 사이를 함께 거닐며 나머지 이야기를 완성해 줄 독자들을 기대해 본다.

:: **차례**

낯선
사람들의
도시

PART 1

"뉴욕에서는 매일 많은 사람들이 서로 만난다.
하지만 우리는 매일 보는 그들의
진짜 모습에 대해서는 별로 아는 게 없다."

— 폴 오스터

너와 나의
그 길모퉁이

길모퉁이를 돌면 작은 가게가 있다. 1980년대 뉴욕 브루클린 거리를 담은 영화 〈스모크〉의 한 장면이다. 이따금씩 담배를 사러 가게를 찾던 손님에게 가게주인이 불쑥 사진첩 하나를 내민다. 그동안 자신이 찍은 사진을 담은 앨범이니 한번 봐달라는 부탁이다.

손님은 어색하지 않게 이 상황을 넘길 생각으로 사진첩을 펼친다. 그러나… 아차, 괜히 시작했다 싶어진다. 페이지를 넘겨도 똑같은 풍경을 담은 사진들만 계속될 뿐이다. 매일 스쳐 가는 이름 모를 행인들이 지나가는 그 길모퉁이. 똑같은 시간대에 반복되는 일상을 그대로 담아 놓은 듯한 그 사진들을 보며 무슨 말을 해줘야 할까. 적당히 할 말을 찾으며 페이지를 넘기고 있는 사이, 주인이 먼저 말을 꺼낸다.

"너무 빨리 보고 있어. 천천히 봐야 이해가 된다고."

손님은 그 말을 듣고 페이지를 넘기는 속도를 늦춘다. 조금 천천히 넘기면서 보니, 차이가 드러난다. 모두 똑같다고 느꼈던 풍경이 달라진다. 계절 따라 빛의 각도는 매일 바뀌었고 지나가는 사람들도 그랬다. 매일 시계바늘은 같은 위치였을지 몰라도 똑같은 풍경은 하나도 없었다.

13년 동안 매일같이 휴가도 못 갈 정도로 이 작업을 이어온 가게주인의 무지막지한 성실함도 보인다.

그렇게 시간이 느슨하게 가다가, 손님의 시간이 멈춘다. 시공간의 벽이 흩어진다. 낯익은 한 사람이 그 사진 속을 지나가고 있다. 이미 세상을 떠난 자신의 아내다. 이렇게 뜻밖의 순간에 보고 싶던 아내를 발견하게 될 줄이야. 번개처럼 아찔한 우연 속에서 다른 차원의 시간이 찾아든다.

나는 깨달았다. 오기는 시간을, 자연의 시간과 인간의 시간을 찍고 있다는 것을. 그리고 그는 세상의 어느 작은 한 모퉁이에 자신을 심고 자신이 선택한 자신만의 공간을 지킴으로써 그 모퉁이를 자기 것으로 만들기 위해, 그 일을 해내고 있었다.

— 폴 오스터, 『오기 렌의 크리스마스 이야기』

그가 가게주인 오기를 발견하게 된 순간, 오기는 이에 답하듯 중얼거린다.

"내일 또 내일 또 내일. 시간은 하찮은 듯한 걸음걸이로 기어간다."

세월을 이어 주는 하나의 문장이 그들을 사로잡는다. 셰익스피어 『맥베스』의 독백이 오기의 작업 속에, 두 사람의 일상에서 살아나는 순간이다.

두 사람은 이전과 다른 서로를 마주하게 된다. 어쩌면 오기는 오랫동안 그를 기다리고 있었는지도 모른다. 나의 작업을 알아봐 줄 수 있는 누군가를 향해 자신의 모퉁이를 지켜 가며 매일 조금씩 나아가고 있었을 것이다.

위대한 일들은 특별한 모습으로 찾아온다고 믿던 시절이 있었다. 반짝거리는 보석만 빛나는 줄 알았다. 매일 누구에게나 비치는 햇빛처럼 일상적인 것들의 반짝임을 보지 못했다. 이제는 한밤중에도 가로등 불빛 아래 보도블록에 섞인 돌조각들이 작은 우주처럼 빛나는 길을 걷는다.

매일 같은 시간에 자신의 모퉁이에 나가 사진을 찍던 오기를 떠올려 본다. 그의 중얼거림처럼 똑같아 보이는 일상이지만 하찮아 보이는 시간의 걸음이 나아가고 있다는 것을 기억한다. 그것은 발견할 준비가 되어 있는 사람들에게 찾아오는 세계이다.

헬스키친에서
아침을

유명해진 동네의 '징조'라는 것이 있을까. 만일 있다면 여행자의 시선에서 더욱 뚜렷이 볼 수 있지 않을까. 한 젊은이가 1980년대의 뉴욕에 도착한다. 맨해튼의 서쪽 헬스키친(Hell's Kitchen) 지역. 여행지에서의 비바람은 멀쩡한 사람도 넋을 빼놓는다. 공항에 늦게 도착하고 겨우겨우 택시를 탄 일본인 청년이 어느 작은 식당에 들어간다. 아직 숙소도 잡지 못해 초조한 심정으로 볶음밥을 먹을 때 낯선 중국인 여자가 다가온다. 그녀는 일본어를 배운다며 말을 걸었고, 이 시간에 호텔을 잡으면 위험하다며 자신의 집에 묵으라고 권한다.

밤의 폭풍우를 뚫고 달려서 모르는 낯선 이의 집에 도착해 편안한 옷으로 갈아입고 차를 마시고 있는 이 상황이 괜찮은가 싶기도 하지만 모든 일들이 순조로웠다. 잘 자고 일어나 그녀에게 소개받은 호텔로 향한다. 그런데! 모든 것이 순조로워 보일 때를 가장 조심해야 한다.

있어야 할 곳에 지갑이 없다.

혹시 모르니 찾아보겠다며 집으로 돌아간 그녀를 초조하게 기다려 본다. 하지만 다시 돌아온 그녀는 지갑이 없다는 말만 남기고 사라진다. 호텔 직원 보비는 그에게 도넛을 가져다주고는 이렇게 귀띔해 준다.

"그녀는 좋은 애지만 이상한 버릇이 있어. 그 돈은 포기해."

천 달러를 순순히 포기하기는 쉽지 않았지만, 보비는 이렇게 덧붙인다. "여기 뉴욕에서는 무슨 일이 있든지 전부 자기 책임이라고 생각하지 않으면 살아갈 수가 없어." 대신 그는 숙박비를 반값만 받기로 하고 이 사건을 두 사람만의 비밀에 부친다.

일본의 독립서점의 대부이자 젊은이들의 선망의 대상으

로 꼽히는 마쓰우라 야타로의 에세이에 소개된 에피소드이다. 낯선 뉴욕에 처음 떨어졌을 때 택시 기사에게 바가지를 쓰고, 허둥지둥 숙소를 구하기까지 돈을 잃어버리는 우여곡절까지 겪었지만, 그는 이렇게 마무리한다. "그렇게 해서 뉴욕의 단골 숙소와 첫 친구가 생겼다."

여행지에서의 도난. 상상하기도 싫은 일이지만, 어떤 장소를 제대로 살아 보기 위한 통과의례였는지도 모른다. 천 달러를 잃었지만 위기를 받아들이는 방법을 알려 준 새 친구도 만났고 장삿속을 초월한 비밀도 공유하게 된 것이다. 비록 공동 샤워실을 써야 하고 TV도 전화도 없는 아주 작은 호텔방이었지만 그의 발걸음은 늘 가벼웠다.

마쓰우라는 그렇게 뉴욕에서 아르바이트를 하고, 사람들을 관찰하며 시간을 보낸다. 남 보기엔 그럴듯한 여행자로 보였지만 스스로가 가장 잘 알고 있었다. 자신은 그런 멋진 사람이 아니며, 무엇 하나 적응하지 못해 일본에서 도망쳤을 뿐이라는 것을. 아직 스스로 원하는 것을 잘 모를 때 그는 무작정 이끌리는 곳에 자신을 두기로 한다. 당시의 심정을 이렇게 고백했다.

"스물세 살의 나는 최악인 자신과 늘 싸우고 있었다."

마쓰우라의 여행담이 특히 기억에 남는 것은 '뉴욕 최후의 아침밥' 때문이었다. 그가 보비에게 이제 떠난다고 말하자, 보비는 여기서 만난 친구들은 언젠가는 떠나고 만다며 슬퍼한다. 그 말에 가슴 조이며 마지막 식사를 주문하러 간다. 그런데, 그 아침밥을 먹는 단골 가게에 대한 묘사가 오래도록 잊히지 않는다.

가게에 있는 식사용 카운터에서 종이봉투를 펼쳐 뉴욕 최후의 아침밥을 먹는다. 프렌치 로스팅 커피의 향기에 행복을 느낀다. 달걀프라이와 바삭바삭한 베이컨, 녹은 치즈에 토마토케첩이 휘감겨 정말 맛있다. 이 가게의 카운터에서 많은 사람들과 알게 되고 이야기를 나누었다. 아침마다 모이는 얼굴은 거의 바뀌지 않았고 빈자리가 없으면 일찍부터 있었던 누군가 반드시 자리를 양보하는 식으로 교류가 있었다. 계급이 있다면 여기는 아마 최하 계급인 사람이 모여드는 장소일 것이다. 하지만 이렇게 상냥하고 따뜻한 장소가 또 있을까 하고 나는 몇 번이나 생각했다. 어느 사이엔가 가게에 자리 잡고 사는 길고양이가 히터 위에서 자고 있다. 손가락으로 목을 긁어 주니 "야옹" 하고 울었다.

— 마쓰우라 야타로, 『안녕은 작은 목소리로』

기막힌 요리가 있어서, 눈에 띄는 손님들이 들락거려서 기억에 남는 식당이 아니었다. 정해진 규칙은 없지만 손님들 사이 자연스럽게 자리를 내어 주고 채우는 유대가 '상냥하고 따듯한 장소'. 기본에 충실한 메뉴로 식사의 다정함을 채워 주는 식당. 길고양이마저도 편히 잘 수 있는 공간이 언제 다시 볼지 모른다는 아쉬움으로 소중한 추억이 된다. 그는 다시 고국으로 돌아와 그 장소의 기억을 끄집어냈을 것이다.

헬스키친이 유명해진 이유는 또 한 가지가 있다. 팝스타 알리샤 키스(Alicia Keys)가 무명 시절 가수로 일했던 동네이다. 빈민가로 알려진 이곳의 작은 식당에서 노래가 울려 퍼졌고 스타의 꿈이 자랐다.

1981년 이곳에서 태어나 어머니와 작은 원룸 아파트에 살던 그녀는 어린 시절부터 헬스키친의 다문화에 익숙해졌고 그 거친 환경 속에서 생존법을 체득했다. 어머니는 생계를 위하여 세 가지 일을 했고, 딸의 끈기와 자립심을 이끌어 주었다. 범죄와 성매매의 거리에서 알리샤는 스스로 보호를 위해 칼을 지니고 다녀야 했지만 자신을 지켜 가는 법을 알게 되었다.

NO PARKING
8am - 6pm
Except Sunday

"다양한 사람들이 자라나는 모습과 생활방식, 최저점과 최고점을 보았습니다. 무엇을 원하는지 무엇을 원하지 않는지 바로 깨닫게 해준다고 생각합니다."

그녀는 주변 사람들이 잘못된 길로 가고 감옥까지 가게 되었어도 집중력을 유지하면서 탈선하지 않았던 이유에 대해서 어머니의 공로를 인정하고 있다. 주어진 여건에서 책임감을 갖고 기회를 발견하는 방법을 배웠다.

그 이야기가 뮤지컬 '헬스키친'이 되어 극장을 밝히고 있다. 가끔은 생각한다. 이야기가 태어나는 장소는 따로 있는 것인가.

마쓰우라는 23세에 무작정 도착해서 만난 뉴욕에 대해 이렇게 썼다.

"여기 뉴욕에서는 작은 친절이나 대수롭지 않은 커뮤니케이션이 사람들에게 살아가는 에너지가 된다. 흔히 말하는 차가운 도시라는 이미지는 전혀 느낀 적이 없다. 제각기 품은 고독과 슬픔을 모두가 서로 나누고 하루하루를 필사적으로 살아가는 곳이 뉴욕이라고 생각했다."

어떤 것들이 그 도시를 기억하게 할까. 내가 보고 싶은 이야기를 어디에서 발견할 수 있을까. 그리고 그 이야기는 잊히지 않고 한 사람의 일부가 된다. 그 기억이 새로운 발자국을 만든다.

그녀를 그대로 지나치세요

그날 도로변에서 걷고 있지 않았어? 가끔 뜻밖의 질문을 듣는다. 장소와 시간을 들어 보니 맞다. 그날 동네를 혼자 걷고 있을 때 운전하고 가던 지인이 보게 된 것이다. 별일 아니지만 혹시 무방비 상태에서 멍한 표정이라도 들킨 것은 아닌가 좀 신경이 쓰인다.

친구 하나는 이런 얘기를 했다. 단골로 다니던 카페가 있었는데 어느 날부터 주인이 말을 붙여서 부담스러워졌다. 그래서 이제 다른 카페로 간다.

아무도 나를 모른다는 해방감이 있다. 낯선 여행지에서 왠지 홀가분해지는 이유가 있다. 이미 나를 아는 사람이 그렇게 많은 것도 아니지만 그 시간은 방해받고 싶지 않다. 모두가 알아보는 스타라고 해서 다를까.

길을 걷는 그녀를 모른 척해 달라는 노래가 있다.

할리우드 대로를 걸어내려 가면서는 그레타 가르보 옆을 지
나가지 마세요.
(Don't step on Greta Garbo as you walk down the
Boulevard.)
— The Kinks, 〈Celluloid Heroes〉

1955년 찍힌 파파라치 컷 사진 속에 뉴욕의 4차선 도로
를 가로질러 걷는 한 사람이 보인다. 오버사이즈의 코트를
걸치고 보트처럼 큼직한 신발을 신고 성큼성큼 지나가고 있
는 그녀는 어쩐지 다른 세상에 떨어진 사람처럼 이질적이
다. 눈에 띄지 않고 싶었는지 모르지만, 오히려 더 시선이 간
다. 킨크스(The Kinks)는 그 마음을 읽은 듯이 그대로 지나
쳐 달라는 메시지를 노래에 담았다.

제발 혼자 있게 해달라는 메시지를 남기고 떠난 할리우드
스타가 있다. 그레타 가르보(Greta Garbo)는 고혹적인 눈매
와 신비로운 분위기로 사람을 끄는 고전 할리우드 배우다.
'2차 대전 전에는 가르보, 이후에는 먼로(Marilyn Monroe)'

라 할 정도로 전설적인 존재였으나 36세에 돌연 은퇴했다. 1941년 그녀가 마지막으로 남긴 말은 "혼자 있게 해주세요"였다. 그렇게 대중의 시선에서 빠져나온 뒤 해보고 싶었던 것은 무엇이었을까.

그녀는 매일 뉴욕을 걸었다. 미술관에서 호텔까지 이어지는 긴 산책 코스로 왕복 10킬로미터 거리를 걸었다고 하니, 보통 걷기 애호가가 아니다. 진정한 산책 고수의 면모는 이렇게 드러난다. 특별히 어떤 목적이 있어서는 아니었다.

"흔히 나는 내 앞에 걷는 사람이 가는 곳으로 그냥 따라갔다. 걷지 않았더라면 나는 살아남지 못했을 것이다. 이 아파트에 스물네 시간 내내 있을 수는 없었다. 밖에 나가서 인간들을 바라본다."

『외로운 도시』의 작가 올리비아 랭은 그레타 가르보에게 걷기는 삶의 방식이었다고 보았다. 머물지 않고 이동하면서 밖의 사람들을 보는 것이 그녀의 삶이었다. "이따금 걸음을 멈추고 서점과 식료품점 진열창을 구경하거나 정처 없이 걷고, 어디에 가기 위한 걸음이 아니라 걷는 것 자체가 목적이며, 걷기 자체가 이상적인 활동이었다."

심지어 그레타 가르보는 한낮에 어두컴컴한 극장에 들어가 앉아 있는 것보다 걷는 것이 훨씬 더 의미 있는 일이 아닌지를 물었다. 자신을 스타로 만들어 주었던 영화를 보는 것보다 오히려 누구의 방해도 없이 그저 거리를 걷는 것이 더 절실했는지 모른다.

아름다운 모습만을 대중에게 남기고 싶은 소망을 이루기 위해 어떤 세월의 무게를 견뎌야 했는지는 오직 그녀만이 알겠지만, 그럴 때 걷기는 자연스럽게 친구가 되어 주었다. 어디에서든 몸을 일으켜 두 발로 서서 나아가는 걷기야말로 우리를 증명해 줄 수 있을지 모른다. 킨크스의 노래는 계속 이어진다.

> 그녀는 매우 약하고 부러지기 쉬워 보이죠. 그게 바로 그녀가 강해지려고 했던 이유입니다.
> (She looks so weak and fragile that's why she tried to be so hard.)
> — The Kinks, 〈Celluloid Heroes〉

걷는다는 것은 바깥의 사람을 바라보는 일이고, 시대의 흐름 속으로 들어가는 것이며, 결국 나와 세계 사이의 소통에 이르는 길이다. 이 모든 것들은 아주 작은 움직임에서 시작된다. 시간을 붙들 수는 없지만, 지금 살아가는 그 시간을 걸어갈 수는 있다. 그 걸음 속에 새로운 길이 열린다. 약하다고 낙담하기 전에, 할 수 있는 것이 있다.

일요일의
카페엔

휴일 아침의 빛은 일하러 가는 날과는 좀 다르다. 붐비는 사람들이 흩어진 거리는 다른 것들로 채워져 있다. 선명하게 들려오는 새의 소리, 도로 한쪽에서 자전거를 타고 가는 학생, 간판이 켜지지 않은 가게, 흥청거리던 지난밤의 잔해처럼 빈 병들을 모아 내놓은 작은 술집들. 거리 곳곳마다 어제는 잊으라는 선언들이 널려 있다.

그 분위기를 기억 속의 사진처럼 선명히 보여 준 그림을 떠올린다.

에드워드 호퍼의 〈일요일의 이른 아침〉(Early Sunday Morning, 1930)은 적막하고 고요한 시간을 담았다. 비어 있는 단출한 거리의 2층 건물 앞에 보이는 소화전, 이발소 표시등. 그리고 짙은 태양의 그림자. 사람은 보이지 않지만 이 거리의 감정이 전해진다. 열렬한 웅변은 아니지만 침묵으로 전달하는 고요. 이 도시를 살아가는 누군가의 현재. 말하자면 지쳤던 일상의 피로와의 단절, 혹은 아무도 모르는 숨겨진 고독의 풍경일 수 있다.

아침의 빛을 구분할 수 있을까.

문득, 궁금하다. 최고의 미각을 자랑하는 요리사들이 맛의 미묘한 차이를 알아내듯, 빛의 감별사도 어디엔가 존재하지 않을까. 아침과 한낮 그리고 서서히 저무는 저녁의 빛을 시계를 보지 않고도 알 수 있는 능력을 가리키는 단어가 있어야 하지 않을까. '빛의 감별사'라고 내 멋대로 붙여 본다. 아마도 하루 종일 밖에서 일하는 농부나, 작업자들 중에 많지 않을까 추측해 본다. 바쁜 일상을 살아가는 도시 사람들은 코앞에 지나치는 것들도 보지 못할 때가 많으니.

빛에 기대야 하는 또 다른 직업. 영화감독들 역시 빛에 민감하다. 짐 자무시의 영화 〈다운 바이 로〉(Down By Law, 1986)의 장면을 기억한다. 낯선 집에서 하룻밤을 보내고 토스트와 커피를 먹는 식탁. 그 집에 쏟아지는 빛은 선명한 아침의

색이었다. 주인공들은 아침을 먹고 빛 속에서 가볍게 춤을 춘다. 그들의 시시각각 변하는 동작 사이로 빛과 그림자가 어우러진다. 매일 받으면서도 무심히 지나치는 그 빛. 어느 날 갑자기 빛이 달라진 것이 아니라 다르게 포착하는 누군가에 의해서 지구 위의 새로운 아침이 드러난다. 정성을 다해 어떤 작업에 몰두한 결과는 관객에게 대지의 감각을 전달한다. 호기심과 의문, 그리고 직관이 마주치는 순간이다.

일요일 오후에 친구들을 만나곤 했다. 얼리버드와 거리가 먼 우리들은 정오가 지나서 만나고도 아침조차 먹지 않았다. 부스스한 얼굴을 차마 못 본 척해 주며 늦은 첫 끼를 먹고 햇볕이 잘 드는 카페로 향했다. 발길 닿는 대로 들어간 카페의 표정은 날마다 달랐다. 나뭇결이 살아 있는 긴 테이블 자리에 앉아서 서로 좋아하는 커피와 차를 시킨다.

햇볕의 그림자가 선명한 나무 테이블 위 찻잔 속 작은 우물. 잔잔한 물결이 햇빛에 반짝인다. 커피 향이 번진다. 소소한 대화에도 그 리듬과 파동이 번진다.

최근에 봤던 영화나 들었던 음악들, 대수롭지 않은 근황들, 그리고 때때로 주변의 깜짝 뉴스가 이리저리 주고받는 공처럼 통통 튕겨진다. 그러다 시선이 멈춘 것은 카페 한쪽

벽면에 그려진 그림에서였다.

벽면을 가득 메운 그 그림은 에드워드 호퍼의 작품인 줄 알았다. 찬찬히 보니 호퍼의 작품과 장소는 같은데 앉아 있는 사람들이 조금씩 다르다.

〈푸른 저녁〉(Soir Bleu, 1914)은 호퍼가 32세에 프랑스에 건너갔을 때 그린 작품으로 카페 안의 사람들을 담고 있다. 노동자, 매춘부, 담배 피우는 예술가, 부르주아 남녀 등 호퍼가 파리에서 마주친 풍경의 주인공들이다. 하지만 당시 뉴욕이 원하는 화풍과 맞지 않아 혹평을 받고 다시 전시되지 않았다.

그 카페의 모작에는 좀 다른 사람들이 앉아 있었다. 담배를 물고 있는 사람들, 부르주아 남녀는 비슷했지만, 피에로 분장을 한 예술가 대신 스타워즈의 다스베이더 가면을 쓴 인물이 있었고, 작업용 앞치마를 두른 여성 대신 태권도 도복을 입은 남자가 그려져 있었다. 아마도 호퍼의 열렬한 팬인 카페 주인이 걸어 놓았을 것이다. 그렇게 지구 반대편을 살아간 어느 화가의 열정이 또 다른 변주곡으로 먼 나라의 작은 동네 카페에서 연주되고 있었다.

〈푸른 저녁〉은 호퍼의 그림 사상 사람들이 최다 출연한 작품이다. 무려 7명.

그런데 다들 눈을 마주하며 대화를 하는 것 같지는 않다. 각자 자기가 할 일들을 하면서 함께 있는 풍경. 같이 있어도 각자의 생각에 잠긴 채 자신의 일부만 공유하는 것 같은 느낌이다. 요즘 버전이라면 각자 핸드폰이나 노트북을 펼친 채 한 테이블에 있는 장면이 될 수 있을까.

호퍼의 젊은 날은 재즈시대를 지났다. 대공황과 인플레이션, 금주법이 요동치던 때였지만, 그는 도시 어느 모퉁이의 평범한 일상을 보내는 사람들에 주목한다. 화려할 것 없는 풍경인데도 시선이 가는 것은 그 때문이 아닐까. 혼자 도시의 어느 모퉁이 바나 카페, 빈방에서 시간을 보내지만 그 여백 속에 도시생활에서 오는 공허함이나 소외가 전달된다. 그의 그림에서 모란디(Giorgio Morandi)와 샤르댕(Jean Baptiste Siméon Chardin)의 작품에서 느껴지는 어떤 고요함이 전해진다.

조금은 천천히 가고 싶은 발걸음.
사소하고 단순한 일상에 머무는 시선.

어느 시대건 평범한 일상의 소중함을 아는 사람이라면 호퍼가 거는 말에 답할 것이다.

그 언어는 세상 어디에나 변함없이 찾아오는 빛처럼 확장된다.

페르시안 카펫
아라비안 수다

　　그 카페엔 페르시안 카펫이 깔려 있었다. 합정역 가까이 길모퉁이를 돌면 마주치는 작은 카페. 바람이 차던 그 겨울에 입김을 내며 걷다가 마주친 그곳에 들어갔다. 바다보다 시퍼런 파란색 페인트로 칠한 미닫이문을 열면 훈훈한 기운이 밀려왔다. 건물은 낡아서 콘크리트 벽이 그대로 노출되어 있었고, 조각조각 나무 마룻바닥이 보이다가 가운데 즈음 카펫을 덮어 두었는데 심드렁한 표정의 불도그 한 마리가 그 위에서 졸고 있었다. 그 옆엔 하얀 등유 난로가 오렌지빛 열기를 내뿜고 있었다. 살짝 석유 냄새가 났는데 그다지 거슬리지 않았다. 나는 석유난로가 좋다. 기름 넣기가 좀 불편해서 그렇지 그 따뜻함은 전기난로와는 다르다. 어릴 적 들르던 만화가게는 큰 석유난로 위에 주전자를 올려 두곤 했다. 주둥이에서 수증기가 모락모락 피어오르면 보기만 해도 따뜻해졌다. 카페엔 어슴푸레한 노란 알전구 조명에 옛 테이블과 가죽 의자들을 두었는데 꽤 조화로웠다. 커피를 한 잔 시켜 두고 카펫을 가만히 본다.

페르시안 카펫이 유행하던 시절이 있었을까. 어릴 때 살던 아파트 초등학생의 작은 방에도 어느 날 촘촘히 짜인 페르시안 카펫이 들어왔다. 어디에서부터 시작되고 끝나는지 알 수 없던 문양들로 이어진 붉은 카펫을 밟으면 발소리는 사뿐해졌다. 포근하게 닿던 감촉도 기억한다. 페르시안 특유의 기하학적인 문양 아라베스크가 신비로운 세상으로 데려다줄 것만 같다. 창틈으로 들어오는 빛줄기 속의 미세한 먼지들조차 카펫 위에선 마법의 가루처럼 반짝였다. 빛으로 옅어진 작은 섬 조각이 붉은색 위로 떠오른다.

드뷔시의 '아라베스크'는 어떻게 음악이 되었을까. 피아노 건반 위의 손가락이 카펫을 짜는 것처럼 움직이면 음표들은 잡힐 듯 잡히지 않는 소리로 태어난다. 닿을 듯 닿지 않는 별빛 아래 아스라이 반짝이는 물결처럼 선율이 찰랑거린다. 언젠가 읽었던 책의 문장에서 한참을 멈추었다.

그러니까 아라베스크는 이국적이었고, 고딕은 불길했고, 고
전은 고상했다.

— 가이 대븐포드, 『스틸라이프』

수수께끼처럼 다가오던 아라베스크의 정체가 선명해지는
느낌이 들었다. 페르시안 카펫에 끌리는 것은 아라베스크에
담겨 있는 이국적인 정서가 주는 신비감 때문일 것이다. 영
미권 문화와도 동아시아와도 또 다른 중동의 이야기. 고대
문명의 발상지가 품고 있는 낯선 원석 같은 매력.

카펫 위 테이블 위로 찻잔이 놓여진다. 남편을 모두 출근
시키고 티타임을 즐기는 이란 여성들의 이야기가 있다. 이
란에서는 어떻게 차를 즐길까.

차는 우리지 않고 끓여야 했는데 사모바르에 담긴 차가 완
전히 끓기까지는 45분 정도 걸렸다. 내가 쟁반을 들고 차를
내갈 즈음에 모두 설거지를 마치고 거실로 모여들었다.

마르잔 사트라피의 만화책 『바느질 수다』는 그들의 차 문
화를 이렇게 소개한다. 손녀딸이 할머니와 이웃들을 위해

차를 내온다.

"이제 준비하는 차는 또 다른 역할을 했다. 모두들 차를 두고 둘러앉아 우리가 제일 좋아하는 일에 몰두했다. 그건 바로 '토론'이었다. 이 토론이라는 것은 아주 특별한 의미를 지닌다."

이렇게 모이고 나면 할머니가 흡족한 미소를 지으며 찻잔을 든다. 그 특별한 의미라는 것은 모두가 알고 있는 공공연한 비밀.

"남을 흉보는 일은 말이야. 마음을 정화시켜 주는 거야."

부드럽게 우린 차는 거친 입담에 어울리지 않는다. 반드시 펄펄 끓이는 차여야만 한다. 남의 흉을 보지 않는 것이 미덕인 줄은 모두가 알지만, 사람 사이 어쩔 수 없이 이어지는 속성이라는 점은 인정할 수밖에 없다. 『사피엔스』의 유발 하라리도 지적하지 않았나. 오랜 인류의 역사를 보아도 무리나 단체는 '뒷담화'를 매개로 결속한다. 어느 조직이든 정치 없이 이루어지는 일은 없다.

중동의 여성이라면 특히 보수적인 사회를 견뎌야 할 테니 야만의 세월을 버텨내기 위해서는 더 '센 것'이 필요했을 것이다. 원하지 않는 어린 나이에, 또 누군지도 모르는 남자와의 결혼 정도는 아무것도 아니었다.

목숨을 걸고 왕의 잔혹 행위를 멈추기 위해 이야기를 지어 냈던 샤라자드의 지독했던 '아라비안 나이트' 못지않은 인내와 위로가 필요했던 보통 여성들의 수다가 아침의 찻잔 위에 머물고 있다.

이란의 카펫 시장은 길에 새로 만든 카펫을 깔아 둔다고 한다. 행인들이 그 위를 밟고 지나가게 하는데 밟을수록 선명한 색상이 나타나는 것을 좋은 카펫으로 쳐준다.

이탈로 칼비노의 소설 『보이지 않는 도시들』에 양탄자의 도시 에우도시아가 소개된다. 마르코 폴로가 말하길 양탄자에는 도시의 진정한 형태가 들어 있다. 그러니까 도시에 포함된 모든 것들이 카펫의 디자인에 나타나 있는데 바쁜 걸음을 잠시 멈추고 주의 깊게 관찰한다면 그 안에서 도시의 비례, 기하학적 체계를 관찰할 수 있다는 이야기를 한다.

에우도시아 주민들은 모두 양탄자의 움직임 없는 질서를 자신의 도시에 대해 가지고 있는 이미지, 자신들의 고민과 견주해 봅니다. 자신의 삶에 대한 이야기, 운명의 전환점들을 찾을 수 있습니다.

가장 가까이 보이는 것들 사이에서 사람들은 삶을 투영한다. 아라베스크 문양은 그 도시 사람들의 이야기를 그려 낸다.

마르코 폴로가 보았던 도시 에우도시아처럼 이란의 카샨은 그곳에 사는 여인들의 운명이 반영되어 있다. 움직임 없어 보이는 질서 속에서도 자신의 삶을 가두지 않고, 날실과 씨실의 짜임 속에서 세상에 없던 새로운 속성이 그 모습을 드러낸다.

이란에는 '카샨산 카펫 같은 여인'이라는 말이 통한다. 카샨(Kashan)은 사파비 왕조(16~17세기) 시대 페르시안 카펫 황금기의 주요 생산지로서 촘촘하고 밀도 높은 매듭을 짜는 세밀함과 정교함으로 유명하다. 카샨의 전통적 카펫 직조 기술은 유네스코 문화유산으로 등재되었다. 카샨 출신 여인은 카펫처럼 세상 풍파와 역경에도 변함없이 내면의 미를 유지한다는 뜻이 담겨 있다. 밟힐수록 더욱 선명해진다.

강렬한 폭풍우를 견딘 보통 여인들의 이야기가 카펫의 아라베스크처럼 견고해진다. 아름다움은 논리가 아니라 흐름 속에서 존재한다.

도시가 불안을
간직하는 방법

"완벽하지 않은 것이 감정을 일으키죠."

휘청거리는 날에는 빔 벤더스 감독의 말이 들려온다. 주말 오후 시위하는 사람들 사이를 걷다가, 베를린을 유유히 가로지르는 장면이 떠오른다. 잡초가 돋아난 공터를 지나 커피와 담배를 파는 가판대에 들르고, 전쟁의 폐허가 뼈대처럼 앙상하게 남아 있는 광장을 서성인다. 분단의 상징 베를린장벽이 무너지던 1989년보다 2년 앞서 제작된 빔 벤더스의 영화 〈베를린 천사의 시〉의 베를린은 불안 그 자체이다. 호머 시인도, 콜롬보 배우도, 또 천사들도 거리를 서성인다. 아이들은 거리의 불안 속을 뛰논다. 이념으로 나뉘었던 이 도시에 안정되고 확실한 것은 좀처럼 보이지 않지만, 그 앙상한 불안을 거울처럼 비추고 있는 것 같아서 오히려 차분해진다.

베를린 국립도서관(Staatsbibliothek zu Berlin)

눈부시고 아름다운 도시를 말할 때 당시의 베를린을 꼽기는 쉽지 않았을 것이다. 그렇지만 그 황량하고 거친 풍경은 영화의 언어로 오래도록 기억에 남아 있다. 감정이 소거된 듯 온통 흑백인 풍경 속 도서관에서 책을 뒤적이는 호머 시인을 본다. 그는 베를린의 과거를 기억하는 노인이다. 전쟁과 그 황폐함으로 얼룩진 불확실성을 받아들이며 그 도시에서 잃어버린 이야기를 찾고 있다. 유구한 역사가 기록되고 보관되어 온 도서관에서 그 시대를 발견하려 애쓴다. 주목받지 못하는 구석의 자리에서도 시인은 그 도시에 축적된 이야기를 보려 애쓰고 있다.

포츠담 광장(Potsdamer Platz)

포츠담 광장은 2차 세계대전 이전 유럽에서 가장 혼잡했던 교차로로 사람들로 북적였던 곳이다. 전후 황무지가 된 그곳으로 호머 시인은 걸어 들어간다. 광장에 나뒹구는 수도관, 담벼락의 그림들, 길가에 마구 돋아난 풀들을 따라 시인은 걷고 또 걷는다. 이제는 발걸음이 그 도시를 기억한다.

도시에서 빈 공터를 찬찬히 지나친다. 쉴 새 없이 떠들어야 하는 토크쇼 사이 어색한 침묵처럼 끊임없이 변화하고 나아가야 하는 도시에서 빈터를 바라보는 것은 낯설다. 날것으로 드러난 땅, 그리고 깊이 파인 구덩이 혹은 폐기물로 뒤덮인 무더기들이 사람들이 지나쳐 버린 이야기를 품고 있다. 자본이 피해 간 오목한 낡은 흔적들이다.

투명인간처럼 눈에 띄지 않는 소외된 사람들은 언제나 있다. 일자리가 없어 전전긍긍하다가 결국 건물에서 뛰어내리는 청년, 사회의 불안을 견디지 못하는 초조한 눈동자의 사람들도 미처 바라보지 못한 공터처럼 그 도시를 서성인다. 천사 시절의 다미엘은 전철 안에서 낙담한 한 남자의 곁으로 다가간다. 옆에 앉아 머리를 맞대고 그를 감싸안는다. 그러자 기적처럼 남자는 희망을 말한다. 아무것도 남지 않은 것처럼 보일 때 어떤 것들이 희망을 전해 줄 수 있을까.

빌헬름카이저 교회(Kaiser-Wilhelm-Gedächtniskirche) 근처의 거리

전쟁으로 파괴된 상태 그대로 남겨져 있는 거리에서 콜롬보 배우는 엑스트라 배우의 초상화를 그려 준다. 이름 없이 기약 없는 기다림을 이어 가는 노바디의 얼굴이 스케치북에

담긴다. 피로한 얼굴이지만 누군가 주목해 줄 때 표정이 살아난다. 엑스트라 배우는 미처 기대하지도 않았는데 멋지게 그려진 스스로를 다시 발견하게 된다. 무엇이 그를 바꾸어 놓은 것일까.

커피 가판대

베를린 사람들을 관찰하던 천사들도 점점 사람으로 살아간다는 것이 궁금하다. 영원하다는 천사직을 포기하고 하늘에서 떨어진 다미엘이 가장 먼저 달려간 곳은 길가의 작은 가판대이다. 버스 정류장 근처에 있을 법한 커피와 담배, 간단한 스낵을 파는 한 토막의 공간. 이제는 사람이 되어 따뜻한 커피 한 잔을 손에 쥐고 향을 맡으며 한 모금 마신다. 똑같은 커피라 해도 각자에게 다르게 전해진다. 각 사람이 지나온 일상 속에 다르게 적히는 일기처럼 커피는 모두 다른 맛이다. 커피 한 잔을 들고 걷는 사람 하나하나가 모두 그렇게 다른 존재들이다.

크로이츠베르크(Kreuzberg)의 어느 클럽

다미엘은 거리의 클럽에 들어간다. 그곳은 천사 시절 눈여겨보던 서커스단의 무용수가 종종 찾는 곳이다. 무대에서는 밴드가 노래하고, 코너만 돌면 클래식풍 공간, 현대적 공간이 어우러진 독특한 분위기가 인상적이다. 보헤미안의 삶을 음악으로 실험하는 밴드가 무대에 서고 사람들은 각자의 이야기를 나눈다. 한쪽에는 그가 주목하던 그녀가 바에 혼자 앉아 있다. 그가 다가가서 서로의 쓸쓸함을 알아본다. 그렇게 그는 결국 서커스 무용수와 사랑에 빠진다. 사람이 된다면 꼭 해야 할 일은 그런 것들이다.

이탈로 칼비노의 소설 『보이지 않는 도시들』 중 '자이라'라는 곳이 있다. 높은 보루에 에워싸인 도시 자이라를 묘사할 때. 화자는 그 외양을 묘사하는 것이 의미 없다는 것을 밝혀 둔다. "도시는 이런 것들로 이루어지는 것이 아니라, 도시 공간의 크기와 과거 사건들 사이의 관계로 이루어지는 것이기 때문입니다." 칼비노에 따르면 도시를 알기 위해서는 그 과거를 이해해야 한다.

도시는 기억으로 넘쳐흐르는 이러한 파도에 스펀지처럼 흠뻑 젖었다가 팽창합니다. 자이라의 현재를 묘사할 때는 그 속에 과거를 모두 포함시켜야 할 것입니다. 그러나 도시는 자신의 과거를 말하지 않습니다. 도시의 과거는 마치 손에 그어진 손금들처럼 거리 모퉁이에, 창살에, 계단 난간에, 피뢰침 안테나에, 깃대에 쓰여 있으며 그 자체로 긁히고 잘리고 조각나고 소용돌이치는 모든 단편들에 담겨 있습니다.

영화 이후 세월이 흘렀고 포츠담 광장은 첨단 빌딩들로 가득한 도시의 심장부가 되었다. 이제 그 시절의 황무지는 보이지 않는다. 천사가 머물고, 사람들이 지나치던 빌헬름 카이저 교회는 전쟁의 폭격 맞은 흔적을 그대로 남겨 보존되어 있다. 사람들은 이제 베를린에서 불안이나 갈등, 대립을 떠올리지 않는다. 하지만 그 도시는 가장 불안하고 위태로운 시절조차 잊히지 않는 기억으로 남아 있다. 빔 벤더스는 누구도 하지 않은 방식으로 베를린을 보여 주었다. 그는 불안을 그저 감추거나 없애려 하지 않았다. 우리가 도시를, 그리고 영화를 기억하는 아름다운 방식이다.

그 어느 때보다 불안한 도시를 걷고 있다. 어서 빨리 지나갔으면 하는 나날들의 연속일지라도 우리가 그 불안을 끌어안을 수 있다면 결국엔 이 도시가 간직한 하나의 기억으로 쌓여 갈 것이다. 희망의 언어를 기다리는 존재들이 이 도시를 서성이고 있다.

전설이 된
젊은이들의 거리

"돈이 없어도 런던에서 신나게 살 수 있었다." 디자이너 폴 스미스의 책을 뒤적이다가 멈춘다. 누가 요즘 이렇게 말한다면 믿을 사람이 있을까.

"살인적인 물가에 무뎌지며 그럭저럭 지내고 있다." 최근 런던에 머물고 있는 친구의 메시지다. 인플레이션이야 세계적 흐름이라 해도, 유독 비싼 생활비를 감당해야 하는 대도시들에서 버티기란 말처럼 쉬운 일은 아니다. 호랑이 담배 피우던 시절 얘기처럼 아득하지만 폴 스미스가 20대이던 1960년대의 런던 이야기에 시선이 머문다.

"스무 살, 런던에서의 삶은 흥미로웠다. 당시 그곳엔 에너지가 충만했다. 우리는 우리 세대가 완전히 새로운 무언가를 경험하고 있다고 느꼈다."

우리 세대가 새롭다는 경험은 한낱 거품이 아니었다. 전후 베이비붐 세대들은 역대급 인구 폭발을 타고 조금 다른 세상을 향해 팔을 걷어붙였다. 그들은 스스로 월급을 받아 TV, 냉장고, 자동차, 옷을 샀다. 새로운 사회를 향한 열망이 정치, 과학기술 등 문화 전반으로 뻗어 나갔다. 그들은 상류 사회의 누군가가 자신들을 초대할 때까지 기다리지 않았다. 무대에 스스로를 직접 초대하는 새로운 실력주의가 등장했다. 기존의 엄격했던 계급 질서는 느슨해졌다. 1960년대 런던에서 시작된 '스윙잉 런던'(Swinging London)은 사회, 문화, 예술적 운동으로 전 세계에 영향을 미쳤다. 이렇게 젊은 이들이 역사상 처음으로 문화적 주도권을 쥐는 세상이 열렸다. 그 시대를 기록한 책『1963 발칙한 혁명』에서 당대의 인물들이 그 시대를 증언한다.

전 그해 머릿속에서 제가 잘 해내고 싶은 것, 다른 사람이 듣고 싶어 할 법한 소리를 들었던 것 같아요. 그냥 제가 미쳤구나 싶었어요. 그 소리가 들렸거든요. … 뭔가 다른 일들이 일어나야만 했어요. 하지만 하룻밤 사이에 그냥 멋지게 변할 수는 없는 거죠. 이상한 기운, 우리는 이상한 소용돌이에 빠져 있었어요.

— 롤링스톤스(The Rolling Stones)의 기타리스트 키스 리처드(Keith Richard)

그 시절의 일부였다는 건 굉장히 멋진 일이에요. '나는 엄청 성공했어'라는 자신감과는 굉장히 다른, 뭐랄까 특별하다는 기분이랄까요. 정신이 미친놈처럼 돌아다니고 있었어요. 그저 다음에 뭐가 올 건지 생각하면서 계속 열심히 할 뿐이었어요.

— 디자이너 비달 사순(Vidal Sassoon)

그들의 에너지는 그저 성공에 대한 바람에서 시작된 것이 아니었다. 죽도록 이걸 해내서 이루겠다는 야망보다는 지금 이것을 해내고 나면 뭔지는 몰라도 다음에 근사한 것이 찾아올 것이라는 믿음에 가까웠다. 고생 끝에 낙이 온다거나 뼈를 깎는 노력 같은 기성세대의 가치관과는 차이가 있었다.

당연히 야망 따위는 없었고, 모두가 그저 즐거운 시간을 보내고 있었죠. 돈은 전혀 문제 되지 않았어요. 그냥 집세를 내고 신발과 옷을 살 돈만 필요했죠. 오직 그런 것들만 중요했어요. 토요일에 킹스로드를 배회하는 것 말고는 별다른 일이 없었어요.

— 모델 패티 보이드(Patti Boyd)

그저 거리를 쏘다니는 것만으로도 시대의 변화를 감지할 수 있다. 사람들의 패션과 새로 문을 열고 닫는 가게들, 울퉁불퉁한 도로 위 미세한 바람과 계절마다 다른 가로수들까지도 거리의 표정으로 기억된다. 젊은이들은 알지 못하는 사이에 무언가를 얻고 자신의 것으로 만들어 간다. 어쩌면 젊은이들이 모이는 거리에는 일종의 그 도시의 정체성이 깃들어 있다는 생각이 든다. 발터 벤야민은 거리에 투영된 어떤 체험과 인식에 대해 이야기하고 있다.

거리는 집단의 거처이다. 집단은 영원히 불안정하며 영원히 유동적인 존재로, 자택에서 사방의 벽으로 보호받고 있는 개인만큼이나 집의 벽들 사이에서 많은 것을 경험하고 체험하고, 인식하고 생각한다. 이러한 집단에게 반짝반짝 빛나는 에나멜 간판은 부르주아의 응접실에 걸린 유화만큼이나 멋진-어쩌면 더 나은-벽장식이며, '벽보금지'가 붙어 있는 벽은 집단의 필기대, 신문가판대는 서재, 우편함은 청동상, 벤

치는 침실의 가구이며, 카페의 테라스는 가사를 감독하는 출
창이다. 노상의 노동자들이 웃옷을 걸쳐 놓는 난간은 현관이
며, 안마당에서 옥외로 이어지는 출입구는 시민들에게는 깜
짝 놀랄 만큼 긴 복도로, 이것은 노동자들에게는 도시의 내
실로 들어가는 입구이다.

— 발터 벤야민, 『도시의 산책자』

특정 거리에 몰리는 발걸음에는 이유가 있다. 젊은이들은
자신들을 대변해 주고 시대를 반영해 줄 거리를 찾는다. 무
의식적으로 스치는 벽보, 에나멜 간판, 카페의 테라스가 기
꺼이 떠도는 마음의 거처가 되어 준다. 그리고 그 도시는 누
군가의 정체성으로 자리 잡는다.

"뉴욕의 어디에서 첫 밤을 보내느냐에 따라 뉴욕 경찰이
대한 평가가 달라지죠."

그 도시를 소개하는 한마디에 귀가 솔깃해진다. 밴드 엘
보우(Elbow)의 〈뉴욕 모닝〉(New York Morning)의 뮤직비
디오는 이렇게 시작된다. 이제는 머리가 희끗해진 노부부가
뉴욕 거리를 천천히 드라이브한다. 그들이 이곳에 도착한
것은 1975년. 그리니치 빌리지에서 처음 만난 그들은 같은

레코드 컬렉션을 가졌고, CBGB's 클럽에서 첫 데이트를 했다. 그곳의 뮤지션들이 어떻게 창작을 하는지 알고 싶어서 티켓을 사고 앨범을 기다렸다. 당대의 수많은 예술가들을 스치고, 기다리고, 거리를 쏘다니며 보낸 시간들이 부부의 삶이 되었다. 뉴욕에 온 이후 처음 만난 사람들과 그 도시를 사랑하게 만든 모든 것들에 대한 이야기들이 이어진다.

세월이 흘러 '스윙잉 런던'의 거리는 바뀌었지만, 그 흔적은 사라지지 않았다. 폴 스미스는 자신의 디자인 철학을 이렇게 설명한다. "폴 스미스 옷은 아주 잘 팔린다. 지나치게 비싸지도 않지만, 절대로 싼 편도 아니다. 우리 컬렉션은 엘리트주의를 표방하지 않는다. 고객들은 본인들 눈에 보이는 그 옷이 마음에 들기 때문에 우리 옷을 구매한다."

이런 취향은 어쩌면 '스윙잉 런던'을 지나면서, 런던의 그 거리 속에서 자연스럽게 배어든 것은 아닐까 싶다. 80세 노인에게도 18세 학생에게도 팔 수 있는 디자인. 엘리트 미디어가 선호하는 방향으로는 맞출 수도 없고 그렇게 한다 해도 사람들은 믿지 않을 것이라고 그는 확신한다.

세상을 놀라게 하는 변화의 무대가 된 도시들은 그렇게

추억의 거리를 품고 있다. 도시계획이나 정비로는 다 설명되지 않는 것들이다. 변화를 민감하게 수용하면서도, 옛것에 대한 존중을 보일 수 있는 태도가 거리의 구석구석을 채운다. 런던이나 뉴욕 같은 대도시가 아니더라도 숨겨진 거리의 이야기들이 여전히 남아 있다. 그 이야기들이 세상과 만나고 새롭게 쓰일 것이다. 역사상 처음으로 젊은이들이 세상의 변화를 주도했던 1960년대의 런던. 『1963 발칙한 혁명』은 이렇게 요약했다.

"그렇게 청춘들은 자신의 역사를 가지기 시작했다."

그녀들의
방탕한 카페 생활

어떤 우정은 약속을 배반함으로써 완성된다. 원고를 불태워 달라는 유언을 지켜 주는 것이 우정이었을까.

카프카의 친구 막스 브로트가 유언을 지키지 않음으로써 오늘날 우리는 카프카를 읽는다. 어떤 이유로 그런 유언을 남겼는지는 카프카 본인만이 알겠지만, 이 유언에는 설명할 수 없는 끌림이 있다.

1900년대 초 『뉴요커』지의 기자인 재닛 플래너 역시 죽은 뒤에는 자신의 모든 원고를 불태워 달라고 부탁했다. 자신이 "누군가 부단히 방어하지 않는다면, 하찮고 볼품없어 보일 많은 생각과 희망을 일생 동안 기록한 사람"이라는 이유였다.

다행히, 그녀에게도 막스 브로트 같은 친구가 있었다. 동료 작가였던 솔리타 솔라노가 그 원고를 지켜 내어 재닛 플래너의 원고는 미국 의회도서관에 기증되었다.

때때로 생각한다. 작가에게 자신의 글이 가치 있다고 느껴지는 때가 있다면 언제일까. 대부분의 작가들의 주변에는 글 쓰는 이들이 널려 있을 것이고, 그들 사이에서 일하면서 칭찬을 받을 일은 그리 흔하지 않다. 수정에 또 수정을 반복하는 일상일 뿐.

언젠가 프랑수아즈 사강의 에세이에서 도대체 자신의 글을 칭송하는 사람들은 어떤 사람들인가 만나 보고 싶다며, 농담처럼 쓴 부분을 읽은 적이 있다.

타인의 인정과 같은 외부적 요인이 크게 도움 될까. 재닛 플래너가 연재했던 『뉴요커』지는 당대의 작가라면 누구나 기고를 꿈꾸는 잡지이자, 글쓰기 스타일의 모본이었다. 그녀는 1947년 프랑스 정부에서 주는 레지옹 드뇌르 훈장, 스미스 대학 명예박사 학위 외에도 수많은 상을 휩쓸었다. 이쯤되면 글 쓰는 자부심이 충분해도 될 법한데 그녀는 스스로를 한낱 기자일 뿐, 대단한 작가는 아니라고 생각했다.

만족을 몰랐던 재닛 플래너는 '1920년대 미국에서 발견할 수 없는 예술과 미를 찾기 위해' 파리로 날아왔다. 미국의 청교도주의, 물질주의, 위선 표준화를 경멸했던 그녀는 당시 모더니즘의 중심이었던 파리에 거주하면서 프랑스에서의 삶을 이해하고 기록하려고 했다.

그녀의 글쓰기는 주목받았지만 더욱 매력적이었던 것은 생활방식이었다. 그녀의 파리 생활은 이렇게 요약된다.

'방탕한 카페 생활자'.

그녀는 20세기 파리의 지성과 문화 중심지 역할을 했던 카페 드 마고나 카페 플로르의 자리를 지키고 있었다. 그 외의 시간은 호텔에 있었다. 그렇다고 해서 피츠제랄드 부부처럼 사치스러운 생활을 뜻하는 것은 아니었다. 카페에서 먹고 글 쓰던 생활과 함께 그녀가 지내던 호텔에 대한 기록이 있다.

일을 그만둔 뒤 우리는 상상하기 힘들 정도로 돈이 없었다. 나폴레옹 보나파르트 호텔은 우리에게 안성맞춤이었다. 방값이 하루에 1달러였고 센 강과 루브르 박물관 근처였으며 버스 정류장도 가까웠다. 다른 것은 다 좋은데 시설은 별로였기 때문에 나중에 우리가 만들어 넣었다. … 꼭대기 층은 모든 투숙객에게 정말 중요했는데 20호실 옆에 호텔에서 하나뿐인 욕실이 있었기 때문이다. 하지만 욕조도 변변한 의자도 없었다. … 여러모로 우리에게 이상적인 호텔이었다. 번거로운 집안일을 할 필요가 없었고, 간섭받지 않고 일과 연구를 할 수 있었으며, 온갖 즐거움이 걸어갈 수 있는 거리 안에 있었다. (재닛 플래너의 기록)

― 안드레아 와이스, 『파리는 여자였다』

돈이 없던 상황에서도 기운을 북돋울 수 있는 호텔. 그 방은 무엇보다도 여성들의 글쓰기에 가장 큰 방해물이 되기도 하는 집안일에서 해방되는-버지니아 울프가 얘기했던 '자기만의 방'의 다른 버전이었다.

특히나 '걸어갈 수 있는 거리 안에 있던 온갖 즐거움', 이 부분이 끌린다. 어디든 차를 타고 갈 필요도 없이 발 닿는 곳에서도 충분히 즐거운 생활. 여성에 대한 통념을 깨는 그 방탕한 카페 생활이야말로 부러움의 대상이자 그녀의 글이 주목받은 이유이기도 했다.

전쟁은 문화와 예술 비평을 쓰던 그녀를 바꾸어 놓았다. 세계대전을 겪으면서 그는 전쟁과 정치에 대해 기고했다. 그녀는 소설처럼 기사를 썼고 독자들은 '재닛의 정신이 작동하는 방식'을 매혹적으로 이해할 수 있었다. 강력한 정치

적 견해를 고수하기보다는 한계 밖으로 자신을 몰아내며 얻은 글쓰기의 과정 속에서 재닛은 '그 세대를 대표하는 자신감과 지성의 목소리'가 되었다.

어쨌든 유럽과 프랑스의 정치는 소설처럼 소리 내는, 공포 스릴러처럼 소리 내는 무서운 능력을 발휘하기 시작했다. … 허구를 상상할 수 있는 단위생식적인 창조력이 없어서 소설을 쓰지는 못했지만, 역사에 맞서 스스로를 구하지 못했던 수백만에게 벌어진 일들이 내 마음속에서 자가수정할 수 있을 만큼 많았다. … 지난 7, 8년 동안 『뉴요커』에 '파리에서 온 편지'를 기고하면서 소설을 쓰고 있다고 느낀 적이 많았다. 이것이야말로 내가 받은 엄청난 보답이다. (재닛 플래너의 기록)

— 안드레아 와이스, 『파리는 여자였다』

소설을 쓰고 싶었지만 대단하지 못한 기사를 쓰고 있다고 생각했던 작가 재닛 플래너. 하지만 그녀는 날카로운 관찰력과 독특한 문체, 깊이 있는 인물 분석으로 당대 파리의 상황을 그 어떤 소설보다 생생하게 문학적으로 포착했다.

어떤 글쓰기 장르는 형식미라는 부분에서 그 자체로 우

월하다고 여겨지기도 하지만, 예술에 있어서 특정 장르이기 때문에 우월하다는 것은 사람들이 흔히 하는 착각은 아닐까. 어떤 장르이든 잘하는 사람이 주인일 수 있다.

결핍을 알면서도 꾸준히 해나가는 것. 우리는 그 과정에서 보답을 받을 수 있으므로.

엘리베이터에서 알게 된
그 친구

엘리베이터를 타면 한 가지 생각만 한다.
'빨리 내리고 싶다.'

사방이 막힌 그 공간을 얼른 벗어나고 싶어진다. 여럿이 몰려 타면 더 그렇다. 괜히 산소가 부족해질 것 같다. 그렇다고 혼자 타도 편하지는 않다. 혹시 이러다가 멈추면? 영화를 너무 많이 봤을까. 그런데 제일 어색한 건 모르는 사람과 단둘이 탔을 때이다. 괜히 스마트폰을 보거나 별 관심도 없는 모니터 화면을 뚫어져라 보게 된다. 내가 누른 층수에 불이 들어오면 안전한 목적지에 도착한 기분이다. 잠깐의 단절이 끝나고 문이 스르륵 밀리며 바깥의 빛이 들어온다. 엘리베이터를 탈 때면 이따금씩 독일 영화 〈파니 핑크〉(Keiner Liebt Mich, 1994)가 떠오른다.

독일 쾰른의 낡고 오래된 아파트. 예나 지금이나 보통 사람들에게 집 한 채 마련하기는 꿈처럼 아득한 현실. 아마도 좀 더 착한 가격을 찾고 찾아서 그 아파트에 도착했을 것이다. 공항 검색대 일을 하는 파니가 사는 아파트는 독일보다는 뉴욕의 슬럼가의 분위기가 풍긴다. 벽에 그려진 그래피티에 어둠침침한 조명의 복도를 따라 작은 집들이 끝도 없이 이어져 있다. 새로 온 관리인이 던지는 질문이 재밌다. "같이 살고 싶지 않은 이웃은 어떤 사람이죠?"

큰 개를 안고 있던 주민이 답한다. "주정꾼, 음악가, 터키인, 깜둥이, 아이들, 그리고 이탈리아인." 까탈스럽고 많기도 하다. 어쩌면 누군가에게는 큰 개를 데리고 사는 그 사람일 수도 있을 테지만.

완벽한 이웃까지 바라지는 않아도 엘리베이터에서 마주쳤을 때 크게 불편하지 않은 사람 정도면 괜찮지 않을까.

오늘날의 아파트에서 이웃이 누구인지 잘 모르는 편이 더 자연스러울 수도 있다. 익명성을 깨면서까지 친밀한 이웃을 두고 싶은 기대 혹은 낭만은 사라진 지 오래다. 그들이 누구인지는 몰라도 혼자는 아니라는 안도감. 때로는 불편하고 거추장스러울 수 있는 생활 소음 사이 나도 모르는 평안이

스며든다. 아무 소리도 없는 정적이 정말로 편할 수 있을까. 올리비아 랭의 『외로운 도시』에는 낯선 사람들과 같은 아파트에서 지내며 느껴지는 감정들이 공간 사이 드러난다.

낮 동안에는 건물에서 거의 아무하고도 마주치지 않았지만, 밤이면 문이 열리고 닫히는 소리, 내 침대와 겨우 몇 발자국 거리를 두고 사람들이 지나가는 소리를 듣곤 했다. 이웃한 아파트에 사는 사람은 디제이였는데, 밤낮으로 예상하지 못한 시간대에 베이스 소리가 벽을 울리고 들어와 내 가슴에 전해지곤 했다. … 모든 것은 바닷물이 주기적으로 들어차는 동굴처럼, 아니면 자물쇠 없는 방처럼 스며들거나 봉인될 수 있는 것 같았다. 깊이 잠들지 못하던 나는 자주 깨어나서, 이메일을 확인하고 팔다리를 쭉 뻗고 소파에 드러누워 소방소용 비상구 위 한쪽 구석으로 보이는 체이스 은행 위의 하늘이 검은색에서 잉크색으로 변하는 것을 멍하니 바라보았다.

흩어져 있던 각자의 하루를 마치고 밤이면 작은 아파트로 돌아오는 사람들. 낮에는 잊혔던 소리들이 저녁이면 살아난다. 발자국 소리, 문 사이 새어 나오는 음악, 어스름한 불빛과 아득한 웃음소리들. 욕조에 물이 차오르고 샤워기에선

물줄기가 쏟아진다. 그 모든 사소한 생활의 자취들이 나의 일상 속에 스며들고 한 아파트에서 일어난다.

두루마리 휴지를 사 들고 오던 길 파니가 올라탄 엘리베이터에는 또 한 명이 들어온다. 선글라스를 쓰고 민머리에 페인팅을 하고 두꺼운 코트를 걸친 범상치 않은 흑인. 둘만의 그 어색함 속에 엘리베이터가 멈춘다. 당황하는 사이 그 남자는 갑자기 아프리카풍의 춤을 추며 주문을 외우고, 거짓말처럼 다시 불이 들어온다. 다시 작동하여 위로 올라간다. 그의 이름은 오르페오. 심령술사라며 명함을 건넨다. 엘리베이터 고장 사건으로 두 사람은 친구가 된다.

서른 살이 된 싱글, 파니는 두렵다. 아무도 자신을 사랑해 주지 않을까 봐. 오르페오의 주술이라도 빌려서 필사적으로 남자친구를 만나려 한다. 정체되어 있는 듯한 삶의 미로에서 탈출하기 위해 발을 뗀다.

"내 삶이 레코드판처럼 돌아가고 있는 것 같아요. 한 줄 한 줄씩… 나 자신이 그걸 느껴요. 레코드 바늘이 어디쯤 있을까요?"

파니는 자신을 사랑해 줄 사람을 찾아 도시를 헤맨다. 하지만 그럴수록 원하는 것에 가까워지고 있다는 실감이 좀처럼 들지 않는다. 하루 종일 착각과 배신, 실망을 마주하고 돌아와 지붕 아래 눕는 밤은 그날의 아침보다 조금이라도 나아갔을까.

제발트(W. G. Sebald, Winfried Georg Sebald)의 소설 『아우스터리츠』는 잃어버린 무언가를 찾으려는 한 남자의 밤의 탐험을 소개한다.

실제로 우리는 걸어서 하룻밤에 이 거대한 도시의 한쪽 끝에서 다른 쪽 끝에 거의 도달할 수 있고, 고독하게 걷는 것과 이 길에서 몇몇 밤의 유령을 만난 것이 일단 습관이 되면, 그다음에는 그리니치나 베이스워터 혹은 켄싱턴에 있는 수많은 집들의 어디에서나 런던 사람들은 매일 저녁 오래전에 정해진 약속처럼 자신의 침대에 누워 이불을 덮고 안전한 지붕 밑에 있다고 믿지만, 실제로는 단지 누워 있을 뿐, 마치 과거의 광야에 난 길에서 휴식을 취하는 것과 같은 두려운 얼굴을 하고 땅을 향하고 있다는 사실에 놀라게 되지요.

아무것도 달라진 것이 없어 보인다. 오늘도 작은 아파트에 혼자 남겨진 파니. 오르페오는 이미 지구를 떠났고, 이제 더 이상 장례식 연습을 하지도 않는다. 파니는 이제 아파트

옥상에서 자신의 관을 떨어뜨리며 과거의 자신과 작별을 고한다. 신화 속에서 오르페우스는 에우리디케를 지상으로 데려오지 못했지만, 이웃 오르페오는 파니를 '살아 있는 삶' 속으로 이끌어 주었다. 어쩌면 우리는 드라마틱한 러브스토리의 광채에 눈이 멀어 곁에 있는 반짝이는 불빛은 보지 못하는 것은 아닐까. 매일 드나드는 그 계단과 엘리베이터, 좁다란 복도에도 뜻밖의 다정함이 기다리고 있다면.

어쩌면 달콤한 연인의 속삭임보다 더 필요한 것은 "날씨가 너무 좋아, 열쇠 잊지 마" 같은 일상을 나눌 수 있는 사람들일지 모른다.

그저 서점에서
자는 사람

사랑한다는 말을 대신할 수 있는 것은 무엇일까. 언젠가 나누었던 대화에서 알게 된 것이 있다. 그 친구는 내 눈을 똑바로 바라보며 이렇게 말했을 뿐이었다. "난 거기에 살고 싶었어."

이상하게도 그 말은 로맨틱하게 들렸다. 사람이든 장소든, 혹은 어떤 대상이든 지금 그것과 함께 살고 있다면 그것은 사랑한다는 증거가 아닐까.

서점에 사는 사람의 이야기를 좋아한다. 개브리얼 제빈의 『섬에 있는 서점』은 서점의 작은 다락방에서 자란 여자아이의 이야기다. 자신이 선택하기도 전에 이미 운명처럼 그 서점은 집이 되었다. 또 하나의 이야기는 너무도 유명한 파리의 그 서점, 셰익스피어 앤 컴퍼니에서 일어난다.

파리의 센 강변을 따라 이어진 고서점 거리에 자리한 셰익스피어 앤 컴퍼니는 1919년 미국인 실비아 비치가 문을 연 이래로 수많은 예술가와 작가들의 아지트로 유명해졌다. 제임스 조이스, 에즈라 파운드, 피츠제럴드, 헤밍웨이 등이 들락거리던 유서 깊은 책방이다.

캐나다의 신문 사회부 기자였던 제레미 머서는 범죄소설을 썼다가 그 책에 수록된 범인으로부터 협박에 시달리면서 파리로 도망친다. 사표를 던졌고 무일푼 노숙자 신세가 되어 파리를 어슬렁거리다가 그 서점에 닿게 된다. 이렇게 석 달 동안 서점에서 먹고 자면서 지낸 이야기가 2005년 『시간이 멈춰 선 파리의 고서점』이라는 제목으로 출판되었다.

백 년도 넘은 고서점 '셰익스피어 앤 컴퍼니'의 낡은 계단을 따라 올라가면 3층에는 침대와 책상이 있어서 책을 보고 글을 쓰며 머물 수 있는 공간이 있다. 다만, 책 냄새가 고즈넉하게 내려앉은 아늑한 호텔을 상상한다면 곤란해진다.

고양이도 끝없이 몸을 털고 반쯤 죽은 새와 쥐를 서점 구석으로 끌고 와서 더러움에 한몫했다. 빈대가 있다는 소문도 돌았지만 식구들이 무척 가려워해도 조지는 중상모략이라고 우겼다. … 3층 살림집에 초대된 어느 명망 있는 잡지 에디터는 한 시간도 안 돼 호텔로 줄행랑을 놓았다. 그에게 베개 위를 순식간에 지나가는 바퀴벌레는 첫 경고였다. 그리고 조리대 위에 놓인 곰팡이 핀 사과 스튜가 최후의 일격이었다.
— 제레미 머서, 『시간이 멈춰 선 파리의 고서점』

처음부터 서점에 숙소가 마련된 것은 아니었다. 갈 곳 없는 작가들이 머물 수 있도록 주인은 책더미와 서가 사이에 간이침대를 놓았고, 그들을 위해 수프를 끓였다. 서가로 향하는 입구에는 성경에서 유래한 문구도 보인다.

"낯선 사람을 냉대하지 마라. 그들은 변장한 천사일지 모르니."

주인은 이곳을 '잡초여관'(Tumbleweed Hotel)이라고 불렀다.

파리의 꿈을 좇아 수많은 사람들이 몰려들어 2000년 무렵까지 그 서점에서 자고 간 사람은 4만 명이 넘었고, 제레미 역시 그중 한 명이었다. 도시를 가득 메운 빛과 환희가 눈부셨기에 그 정도의 고생은 사소해졌다. 그곳엔 낮보다 눈부신 밤이 있었다. 남모를 내면의 어둠과 그림자까지 내

보여도 누구도 다치지 않는 빛이었는지도 모른다. 제레미 머서가 머물던 당시 파리의 공기는 어둠까지도 반짝이게 했다.

서점은 침실을 같이 쓰는 친구가 계속 바뀌는 밤샘 파티장 같았다. 평범한 인간관계에 대한 개념 역시 무뎌져 갔다. 자다가 눈을 떠보면 내 앞에서 낯선 사람이 옷을 주섬주섬 입고 있어도 무감각해졌다. 파니스에서 커피를 마시고 서점에 돌아오면 새로운 사람이 내 침대를 껴안고 있기도 했다. 그러면 나는 그저 담요를 덮어 줄 뿐이었다. 그 사람의 이름도, 그 사람이 들어온 날이나 갈 목적지도 묻지 않고 그저 서점에서 자는 사람으로 부르게 되었다.

— 제레미 머서, 『시간이 멈춰 선 파리의 고서점』

그저 서점에서 자는 사람. 한 번쯤 그렇게 불리는 것도 괜찮을 것 같다. 어디서 왔는지 누구인지 몰라도 서점을 피난처 삼을 수 있는 사람이면 된다.

제레미는 그곳에서 책을 읽고 글도 쓰고 다른 사람의 글을 읽어 주기도 하면서 다양한 사람들을 만난다. 짝사랑에 빠지기도 하고, 다른 사람의 뛰어난 글솜씨에 좌절하여 돈을 몽땅 털어 와인을 사 마시기도 하면서.

책과 사람에 둘러싸여 정신없이 헤매며 빠져들고 있을 때, 어떤 경계가 스르르 무너지는 날이 있다. 누구에게도 쉽게 터놓지 못하는 내 이야기를 지금 같이 있는 사람들에게 나누게 되는 것이다. 그 공기에는 전염성이 있어서 함께 있는 사람들도 모두 털어놓게 만든다. 그 역시도 치열하게 신문기자로 일하면서 자신도 모르게 범죄에 빠져들었던 과거를 보여 준다. 인정하고 싶지 않고 쫓아 버리고 싶은, 사람들이 모르는 나 자신을 드러낸다. 제법 멀쩡한 척하고 있지만 도무지 떨쳐 버릴 수 없는 심연이 있다. 막상 질러 버렸는데, 이래도 되는 것인가.

그 이야기를 다 들은 뒤 그 남자는 나를 조심스레 보더니 갑자기 활짝 웃었다. 그 표정은 내 기억에서 절대 지워지지 않는 것이다.

"젠장, 왜 진작 말 안 했어?"

그는 그렇게 소리 지르고는 내 등을 세게 치기 시작했다.

"괜찮아." 그는 내 죄를 사했다. 그 덕분에 나는 처음으로 나 자신을 정상적인 사람이라고 느끼게 됐다.

— 제레미 머서, 『시간이 멈춰 선 파리의 고서점』

대화는 표정으로 완성된다. 말의 소리, 그것을 듣는 눈빛과 말하거나 들을 때의 표정이 더해져서 의미를 얻는다. 그때 곁에 있어 준 사람들은 제레미가 원하는 것을 정확히 알았다. 세월이 나에게 험악할 때 스스로 정상이라는 느낌을 받는 것은 얼마나 중요한가. 어쩌면 이 순간을 위해서 머나먼 나라까지 왔는지도 모른다. 그렇게 서점은 그에게 사람을 가르쳐 주었다.

서점에서 누구보다도 독특한 것은 서점 주인 조지였다. 촛불로 머리카락에 불을 붙여 원하는 길이까지 타들어 가면 불을 꺼서 머리를 자르는 조지는 수수께끼 같은 사람이었다. 이윤이라고는 나지 않는 이상한 서점을 운영하는 그는 돈이 없어 보이는 손님을 모른 척하지 못했다.

조지와 내가 소책자를 쓴 옛날 사진을 보고 있을 때 기묘한 사건이 일어났다. 서류철 상자를 뒤지는 사이, 조지는 옛날 지갑을 발견했다. 지갑 안에는 1,400프랑이 들어 있었다. 조지는 나에게 지갑을 주었다, 자신이 찾는 동안 들고 있으라는 뜻으로 알아들은 나는 조지가 상자는 다 뒤지고 난 뒤에 지갑을 돌려주려고 했다, 그러나 조지는 손을 흔들면서

나중에 달라고 말했다. 나는 그날 오후에 달라는 말이라고
짐작했다, 나중에 다시 돌려주려고 하자 조지는 바보를 보듯
나를 보았다.

— 제레미 머서, 『시간이 멈춰 선 파리의 고서점』

티 내지 않고 돈을 주려 하는 주인의 연기와 눈치 꽝인 나
의 밀당이 만만치 않은 장면이다. 차마 말로는 하지 못하고
눈빛이 말해 준다. 너 바보 아니지.

일은 열심히 했지만 미디어산업의 병폐 속에도 깊숙이 들
어와 있었던 제레미도 이 이상한 서점에서 만난 사람들 사
이에서 회복되어 간다. 잃었던 스스로를 돌아보고, 자신의
삶에 대한 올바른 질문을 찾아 고민하게 되었다. 그곳을 떠
날 즈음 서점 주인 조지와 나눈 대화가 그들이 보낸 시간을
말해 준다.

냉장고에 차가운 칭다오 맥주 두 병이 있었고, 우리는 3층
살림집에서 저무는 석양빛으로 색을 갈아입는 노트르담 대
성당을 바라보았다. 조지의 시선은 먼 곳을 향했다. 처음 만
났을 때 보았던 그 표정이었다. 나는 지난 1월 비 오는 일요
일에 셰익스피어 앤 컴퍼니를 발견한 게 얼마나 행운이었는

지 모른다고 말했다.

조지는 내가 더는 말을 못 하게 막았다.

"있잖은가, 내가 항상 이곳에 대해 꿈꾸는 게 있어. 저 건너 노트르담을 보면, 이 서점이 저 교회의 별관이라는 생각이 들곤 하거든. 저곳에 맞지 않는 사람들을 위한 별관."

— 제레미 머서, 『시간이 멈춰 선 파리의 고서점』

이상주의자 서점 주인 조지의 결정체인 서점은 그렇게 휴머니스트들의 성지이자 책 박물관이 되었다. 지금은 숙박을 할 수 없는 것으로 알고 있다. 하지만 서점 내부에 촘촘히 적힌 손님들의 메모들은 지구상에 존재했던 독특한 유토피아의 흔적이 되었다. 그리고 그 서점의 스토리를 밖으로 내보낼 작가는 이 책의 저자 제레미 머서였던 것이다. 서점은 그의 삶을 바꾸었고, 그는 서점의 이야기를 남겼다.

삶을 새롭게 발명해야 할 때, 우리는 어디로 가야 할까.

런던의 반항하는
불빛

네온의 계절, 겨울이다. 밤이 긴 계절일수록 네온 간판의 빛이 더욱 오래갈 테니까. 짙은 밤일수록 그들은 더욱 빛난다. 화려하고 깔끔한 거리는 네온의 입장에서는 어쩐지 좀 시시하다. 어딘가, 불쑥 귀신이라도 나올 듯 으슥한 곳에서 자신들의 진짜 정체성을 환하게 드러낼 수 있다. 깔끔하고 정돈된 거리보다 조금 흐트러지고 느슨한 거리야말로 네온이 돋보일 수 있는 환경이다.

네온 하면 떠오르는 바(bar)가 있다. 을지로 골목들을 돌고 돌아 도착하면 어렵게 찾았다는 기쁨도 잠시, 입구에서부터 과연 들어가야 할지 말아야 할지 심하게 고민하게 되는 숙제를 안겨 주는 곳이다. 태풍에 날아갈 듯한 낡은 간판에 폐점된 곳은 아닌지, 의심 하나를 건너야 한다. 그러고 나면 엘리베이터도 없는 낡은 건물의 5층 계단이 기다리고 있고, 도대체 이 계단을 올라가면 그 끝에 뭐가 있기나 하긴 한 걸까 의문이 떠나질 않는다. 지금 계단을 오르는 건지 호러영화의 도입부 속으로 들어가는 것인지 너무 오래 생각하지 말아야 그곳에 도착할 수 있다.

하지만 정체를 알 수 없는 그 문을 열면, 음악 소리와 뒤섞인 왁자지껄한 사람들 말소리에 안도감이 들고 그 어둑한 공기 속에서 네온 불빛들이 여기저기 흩어져 있다. 네온 간판 '신', '도', '시' 각각의 글자들이 천정에 붙어 있다. 어수선하다고 해야 할지 키치하다 해야 할지 종잡을 수 없는 분위기에 눈이 휘둥그레지다가 어느새 플라스틱 접시에 담겨 온 강냉이를 씹고 있다. 음악 좋아하는 사람들 사이에서는 오래전부터 명소가 된 곳이다.

깜빡이는 불빛으로 도시를 밝히는 미술가가 있다. 영국 yBa(young British artists)의 일원인 그는 불빛을 깜빡거리기만 했을 뿐인데, 상을 탔다. 영국에서 해마다 연말이면 TV로 생중계되는 아티스트 시상식이 있다. '터너 프라이즈'(Turner Prize)는 영국의 화가 윌리엄 터너의 이름을 따서 제정된 시상식으로 테이트 브리튼(Tate Britain)에서 작

가들의 작품이 전시된다.

2001년 터너 프라이즈 우승은 '작품 번호 227번'이 차지했다. 수상작에 대한 기대를 잔뜩 안고 찾아온 관객들이 미술관으로 성큼성큼 들어간다. 그런데, 전시장에 뭐가 없다. 빈 공간에 그저 5초마다 불이 들어왔다 꺼졌다 하며 깜빡이는 것이 전부였다. 그냥 그게 다. 불만 깜빡깜빡.

관객들은 또 숙제를 떠안는다. 이건 뭐지? 여기서 뭘 느껴야 하는 건가. 그렇다면 무엇을? 상까지 탄 작품인데 뭐가 있긴 할 거 아니야.

뭘 찾아내지 못한 관객들은 슬슬 화가 나기 시작한다. "이것도 작품이냐?" 아무리 봐도 작품의 의도를 알 수가 없고 분노는 커져 간다. 갑자기 달걀이 퍽 날아온다. 깜빡이는 빈 공간에 깨진 달걀이 번진다. 작품은 슬슬 논란이 된다. 여전히 이렇다 할 작품의 주제를 알 수가 없다.

이 소식을 들은 택시들이 전시장 앞에 모여들었다. 택시 운전사들은 헤드라이트를 켰다 껐다를 반복한다. 이 전시를 모방한 하나의 시위이다.

"지금 그 전시장에 있는 게 작품이라면, 우리가 켰다 끄는 이 불빛도 작품이겠네?"

여기서 놀랐다. 런던이 미술이 이토록 대중적일 수 있는 도시라는 것도 그렇지만, 그 시위의 수준도 엄청난 것 아닌가. 이 정도로 작품을 보고 자신의 감정을 시위로 보여 준 열정과 표현력에 놀라게 된다. 터너 프라이즈는 이런 인기에 힘입어서 수많은 스타 작가들을 배출했다. 대표적인 작가가 1995년 수상한 그 유명한 데미언 허스트이다.

이쯤 되면 작가도 가만히 있을 수 없다. 나서서 입장을 밝혀야 한다. 모두가 수상자의 답을 기다렸다. 마틴 크리드(Martin Creed)는 긴장이나 초조한 기색은 없었다. 그저 여유롭게 한마디했을 뿐이다. "이것이 작품이 아니라면, 당신들의 반응은 뭐였을까?"

잠시 어리둥절하다가 웃음이 났다. 그는 현대미술이 무엇인지 질문을 던진 것이다. 사물에 개념을 불어넣는 것. 마틴 크리드는 변기를 '샘'이라고 명명했던 뒤샹이 그랬듯이 있는 그대로의 사물을 다른 시각으로 바라본 것이다. 아주 평범한 도구들을 비일상적 상황으로 만듦으로써 익숙한 것들을 다시 보게 했다. 단순하고 쉽게 구할 수 있는 재료를 써서 뚝딱 만들고, 해체하는 그의 작업들은 경쾌하고 유머가 담겨 있다.

"예술이라는 것은 그냥 무언가를 만드는 거예요. 나는 이

것이 예술인지 아닌지 묻거나 결정하지 않아요."

마틴 크리드는 자신을 예술가라고 칭하지 않는다고 밝히며 작품들도 예술이 아니라고 말한다. 요즘처럼 아티스트라는 자의식이 난무하는 시대에 한 번쯤 생각해 볼 필요가 있는 말이다. 누가 예술가라고 불러 주는 것이 그를 예술가로 만드는가? 작가 자신인가, 타인들인가.

마틴 크리드는 사무엘 베케트를 언급하며 작품 속에 드러난 반복의 의미를 확장한다. 무의미해 보이는 행위의 반복과 변주, 삶의 허무와 부조리 사이의 유머, 그리고 인간 존재와 불확실성을 탐구했던 베케트의 길을 걷고 있는 것이다.

"다시 시도하라, 실패하라, 더 나은 실패를 하라"(Try again Fall again Fall better)고 했던 베케트의 말이 후대의 작품으로 살아난다.

2011년 뉴질랜드 제2의 도시 크라이스트처치는 대지진으로 큰 피해를 입었다. 한동안 문을 열지 못했던 미술관이 다시 오픈하면서 마틴 크리드의 작품이 걸렸다. 어둠이 짙어지면 네온 간판에 빛이 들어온다. 무지갯빛 글자들이 도시를 밝힌다.

"모든 것이 잘 될 겁니다."(everything is going to be alright)

성공한 작가에게도 우울증은 찾아온다. 마틴 크리드가 한동안 우울증에 빠져 있을 때 한 친구가 던진 말이 그에게 힘이 되었다. 그 말에 기운을 되찾은 작가는 그 위로를 다른 이들에게 돌려주기 위해 작업했다. 내가 받은 것을 다른 이들과 나누려는 마음이야말로 어둠을 밝히는 빛이다. 이 작업으로 그는 다시 기운을 찾았다. 그렇게 이 작품은 뉴욕시 한복판에, 쇠락하여 철거될 영국의 고아원에, LA의 갤러리에 걸렸다.

『외로운 도시』의 저자 올리비아 랭은 예술의 비상한 기능에 대해 말한다. "한 번도 만난 적 없는 사람들 사이에 스며들어 삶을 풍요롭게 만들어 주는, 사람들을 중재하는 기묘한 능력. 모든 상처에 치료가 필요한 것은 아니며, 모든 흉터가 추한 것은 아니다. 예술은 이 상처를 분명하게 보여줌으로써 상처를 치유한다."

모든 상처에 치료가 필요한 것은 아니다. 바라봄으로써도 우리는 치유할 수 있다. 누군가에게 던진 작은 위로가 무지개색 불빛이 되어 세계의 도시 위를 여행하고 있다. 지구가 반짝이는 하나의 방식이다.

PART 2

서울,
그 동네

"도시는 기억과 정체성의
거울이다."

– 이탈로 칼비노

서울의 소리가
들리는 오후

도쿄에서 친구가 놀러 왔다.

종로에 숙소를 잡았다며 보낸 메시지에 수송동이라는 주소가 보였다. 늘 뭉뚱그려서 종로였던 그 일대의 정확한 이름을 알게 된 순간이었다. 괜찮으면 숙소 구경 오라는 메시지가 이어졌다. 그러고 보니 서울에 놀러 온 누군가의 게스트하우스를 가본 적이 없다. 두 번 생각할 이유가 없다. 좋아요!

언제부터 종로에 이렇게 빌딩들이 많아졌을까. 광화문 교보문고 근처에서 내려 조금 걷기로 했다. 그랑서울, D타워. 쟁쟁한 랜드마크들을 뒤로하고 큰길을 벗어나 몇 번 골목을 돌고 나니 수수하고 오래된 건물들이 모여 있다. 게스트하우스는 짙은 벽돌색 5층 건물이었다. 입구의 유리문 위로 영문 간판이 있었고, 바둑판처럼 일정한 창마다 파란 차양이 팔랑거리고 있었다. 세월의 흔적이 배어 있는 벽돌은 그대로 두고, 내부는 수리해서 어두운 브라운 톤으로 아늑한 느낌을 주었다. 복도를 지나자 문을 열고 나온 외국인이 먼저 인사를 건넨다. 엘리베이터를 지나쳐 계단을 올라가서 방에 노크를 했다.

"오랜만이죠!"

스프링인형처럼 친구가 툭 튀어나온다. 방은 작고 아담했다. 하얀 이불이 개어져 있고, 작은 TV와 티테이블, 옷장 같은 간단한 가구들이 있는 온돌방. 여행가방이 한쪽 구석을 차지하고 있어서 둘이 앉으니 방이 꽉 찬 느낌이었다. 막상 와보니 그냥 여관이야! 친구는 하하 웃었지만, 나름의 운치가 있는 공간이었다. 포트에 물을 끓이고 선물로 가져온 오렌지시나몬티를 머그잔에 따라서 테이블에 올린다. 찻잔의 김이 모락모락 오르고 오렌지향이 작은 방에 번진다. 종로를 다녔어도 이런 작은 방에 있어 보기는 처음인데요. 우리는 차를 마시며 근황을 나누었다. 친구는 미술가이고 서울에서 전시 준비를 하려고 온 것이다. 찻잔을 들고 작은 방을 서성이다가 창밖을 내다보았다. 옆 빌딩에서 일하다가 잠시 쉬고 있는 직장인들이 보였다. 삼삼오오 모여서 수다를 떨기도 하고 담배를 피우는 사람도 보였다.

찻잔이 비워지자 친구가 옥상에 테라스가 있다며 올라가자고 했다. 10월의 바람이 제법 차가웠다. 종로는 항상 지나가는 곳이었지 머물러서 바라보는 동네는 아니었다. 옥상에서 본 종로는 또 다른 표정이었다. 성벽처럼 둘러싸인 빌딩 사이 낮은 건물들은 지붕이 벗겨지기도 하고 널빤지 같은 것들로 덮여 있기도 했다.

우리는 같은 시간이 빌 때면 한참을 돌아다니곤 했다. 전에는 서울의 커다란 빌딩 옆에 오래된 건물이 맥락 없이 늘어서 있는 풍경이 대책 없다고 생각한 적이 있었다. 유럽의 도시에서 보이는 낮은 건물들이 자연스럽게 모여 있는 풍경이 아니라, 여기 큰 빌딩이 있고 그 옆에 또 무너져 가는 건물이 있는 모습이 어색하다고 느꼈다. 2천 년대 지어진 빌딩 가까이에 또 70~80년대 건물들이 다닥다닥 붙어 있는 울퉁불퉁한 스카이라인들. 어딘가 급속하게 도시개발한 흔적 같기도 하고, 압축성장의 일면 같기도 하다. 상처에 밴드를 급히 붙여 놓은 것처럼 별로 보여 주고 싶은 그림은 아니었다. 그런데 그 친구가 사진을 찍다가 내게 묻는 것이다. 재미있지 않아요?

그 친구의 시선에서는 그런 풍경마저도 흥미롭게 보이는구나. 그렇게 볼 수 있다. 어차피 이렇게 된 거라면 얼굴을 찌푸리기보다, 우리만의 이야기를 발견할 수 있지 않을까. 평소에 무심히 지나치며 놓쳤던 도시 속에 묻혀 있는 낡은 시간들, 켜켜이 쌓인 스토리를 관심을 가져야 하지 않을까. 매끄럽지 않다고 주인마저 외면한다면 그곳의 시간은 그저 영원히 깨지 못하고 잠들어 있을 것이다.

우리는 종로의 작은 방을 나왔다. 좀 걸어서 도착한 식당가의 입구에는 '피맛골'이라 쓰인 나무 간판이 매달려 있었다. 1954년 문을 열었다는 오래된 메밀국숫집, 노란 양은주전자에 따뜻한 메밀차를 내놓는 곳이다. 판메밀과 메밀전병을 시켰다. 짙은 장국에 국수를 말고 속이 꽉 찬 전병을 씹었다.

종로에 옛 사진첩 같은 거리가 있었다. 말을 피한다는 뜻의 피맛골. 서민들이 조선시대에 말을 타고 다니는 고관들을 마주치면 엎드려야 하는 고충을 피하기 위해 돌아서 갔다는 후미진 골목이다. 큰 대로변 옆에 난 아주 좁다란 골목. 빽빽이 들어선 노포들이 몰려 있는 그곳을 지날 때면 음식 냄새와 자욱한 연기들, 흐릿한 간판들이 어우러져 독특한 정취를 빚었다. 서민들이 많이 다니다 보니 작은 상점들이 많았고, 국밥집, 선술집들이 인기를 끌었다. 일제강점기를 지나며 도로가 확장되고 도시개발이 이루어지면서 피맛골은 뚝뚝 끊겨 나갔다. 소문난 맛집들이 이사를 가거나 자리를 옮기기도 했다. 지금은 재개발되어 사라지고 D타워와 르메이에르 빌딩 근처에 그 시절 식당들이 조금 남아 있다. 그 길을 걷던 어른들은 피맛골을 찌들고 때 묻었지만 훈훈하고 인심 좋던 정신의 고향으로 기억한다. 어린 시절 잠깐 그 거리를 지났을 때의 기억이 어렴풋이 남아 있다.

밖으로 나오니 부슬부슬 비가 내리고 있었다. 비 오는 거리는 한산했다. 북적이던 평소의 종로가 가라앉은 듯 차분해졌다. 우산을 펴 들고 발밑으로 얇게 흐르는 물길을 살살 튕기며 걷다가 건널목 신호를 기다렸다. 초록빛을 따라 계속 걷기로 했다. 빗길을 한참 가로질러 도착한 곳은 우리은행 본점. 그런데, 여기 이렇게 멋진 건물이었던가. 근대식 벽돌과 석조 장식이 어우러진 곳이었는데 자세히 살펴보니 1909년 지어진 우리나라 은행 최초 근대건물이라고 쓰여 있었다. '광통관'이라고 불리던 곳이다. 고대 그리스의 신전 같은 두 기둥이 현관 옆에 버티고 있다. 안으로 들어가니 흐린 날의 은은한 조명이 아늑했다. 실내는 다 수리해서 깔끔하게 유럽풍으로 디자인되었다. 친구는 환전을 하고 계좌를 개설했다. 종로에서는 동네 은행 가는 일조차 오랜 역사를 마주하는 길이 되는구나. 늘 오가던 종로를 동네로 머물러 보는 것은 다르다는 실감을 했다. 보이지 않던 사대문 안의 품격이라고 할까. 우연히 들른 일상에 역사가 깃들어 있다는 것이 신기해지는 시간이었다. 백 년 전 '모던 경성'을 잠간 엿본 기분이었다.

다시 거리를 걷는다. 꽃은 떨어졌지만 무성해져 가는 나무들, 빗방울을 튕겨 내고 있는 빌딩, 젖은 보도블록, 한쪽으로는 버스를 기다리는 사람들이 스쳐 지나간다. 멀리 보이는 종각의 기와지붕과 단청이 빗줄기 사이 선명해 보였다. 이 거리가 새롭게 다가왔다. 거리 위로 빗물이 흐르는 소리가 음악처럼 들려온다. 서울의 소리가 들리는 오후였다. 아, 서울 같아! 나도 모르게 한마디 튀어나왔다. 정말 서울 같

아. 친구도 같이 웃었다. 우리는 별다른 것을 하지 않았다. 그저 잊고 있던 서울의 종로 거리에서 한나절을 보냈을 뿐이었다.

왜 극장에서
줄을 서는 거죠?

오래된 거리에 극장이 있었다. 서울에서도 낡고 허름한 골목 종로. 지금은 좀처럼 주목받지 못하는 그 골목에 시네필들이 찾아오곤 했다. 이제는 실버영화관이 된 낙원상가의 꼭대기 층에는 '허리우드 극장'이 있었다. 희뿌옇게 내려앉은 세월의 창가를 쓱쓱 닦아 기억의 먼지를 털어내면 극장으로 향하는 발자국이 보인다.

영화를 보기 위해 줄을 선다. 멀티플렉스와 예매가 정착된 요즘은 볼 수 없는 풍경이지만, 그때는 그랬다. 매표소에서 표를 사면서 짧은 대화도 오고 갔다. 우디 앨런의 초창기 영화 〈애니홀〉(Annie Hall, 1977)에서 보듯 관객들은 극장에서 줄을 서서 영화를 기다린다. 그 사이에 한 남자가 비평가 마샬 맥루한을 인용하며 여자에게 수작을 부리자, 그 근처에 서 있던 진짜 마샬 맥루한이 그를 비꼬는 장면도 있다. "이 사람은 내 이론을 전혀 모르고 있네요!"

그 줄에 누가 서 있는지 다 알 수는 없어도 그들은 호기심과 기다림으로 연결되어 있었다. 잠시 후면 그 영화를 드디어 본다는 설렘 가득한 들뜬 발걸음들이 서성인다. 서 있는 동안만 해도 에피소드 몇 개는 쏟아질 시간에 수다가 오가고 줄의 꼬리는 점점 짧아진다. 의식이라도 치르듯 캄캄한 동굴 속으로 들어간다.

다른 빛은 없다. 영사기를 통해서 이어지는 한 줄기의 빛이 스크린으로 확장되고 객석의 총총한 눈빛들이 켜진다. 빛이 통과하는 그 길을 따라 소용돌이치던 먼지처럼 떠돌고 있던 흩어진 생각들이 하나둘 떠오른다.

스크린 속에는 원하는 것을 이루기 위해 자신을 팔아야 하는지 고민하는 배우 지망생이 있다. 불안하고 흔들리는 눈동자로 거리를 배회하던 그녀는 어느 카페에서 노신사에게 이런 질문을 던진다.

"쳐다봐도 돼요?"

장 뤽 고다르의 영화 〈비브르 사비〉(Vivre sa vie: Film en douze tableaux, 1962)에서 만난 그 질문은 좀 낯설었다. 젊은 여자가 노신사에게, 아니 상대가 누구든 처음 보는 이에게 쳐다봐도 되냐고 묻다니. 그렇지만 그곳에서는 어색하지 않은 대화의 노크였다.

파리를 관찰한 미국인 작가 에드먼드 화이트는 파리가 대도시인 이유를 철학카페에서 열띤 토론을 할 수 있기 때문이라고 했다. 언젠가 TV에서 파리 거주자가 '파리의 스피릿'(spirit)을 이렇게 소개하는 것을 들었다. 1900년대 초반에 파리에 몰려든 예술인들 때문에 '카페 드 플로르'를 비롯한 유서 깊은 카페들이 그곳의 자랑이지만, 그 문화의 진수는 카페에서 처음 보는 사람들과도 자유롭게 대화가 가능했다는 점이다.

이 영화의 배경이 되는 60년대 프랑스 사회에 대한 의문은 풀렸다. 그 범상치 않은 질문은 표면을 겉돌 새도 없이 바로 내면을 겨눈다.

안나 카리나가 연기한 배우 지망생 나나의 고민은 그런 것이다. 말을 하고 싶은데, 뭔가 해보려고 하면 말문이 막혀버린다. 정작 말을 해야 하는 순간이 오면 해야 할 텐데, 그게 되지 않는다.

그 질문은 낯선 것이 아니었다. 미처 말해지지 못하는 질문을 찾아내는 것이 새로운 생각으로 이끌어 주는 열쇠가 될 수 있지 않을까.

도무지 할 말을 찾아내지 못하던 때가 있었다. 하루에도 오가는 수많은 말들 속에 잡아 둘만한 것들을 찾으려 애써 봤지만, 무언가를 건졌다는 생각은 좀처럼 들지 않던 날들. 차라리 말을 걸지 않았다면 실망도 없었겠지 낙담하기도 했다. 대화 이전에는 보이지 않던 커다란 틈만 확인해 버린 허탈감. 시도를 한다는 것 자체가 쓸쓸해서 입맛이 쓰던 날들. 허공 속에 흩어져 버린 말의 잔해들을 헤치고 집으로 돌아오는 발걸음에는 중력이 느껴지지 않았다.

영리한 이들은 농담의 선수가 되거나 차라리 위악을 선택한다. 다자이 오사무의 『인간 실격』에서 주인공 요조는 사람 사이 대화가 온전히 통한다는 것은 불가능하다는 현실을 일찍부터 깨닫고 차라리 거짓말로 환심을 사는 편을 택한다. 그는 거짓말의 천재가 된다. 진실로 사람을 대하는 대신 익살꾼으로 자신을 가장한다.

밀란 쿤데라는 자신의 사춘기 시절을 회고하며 쓴 소설 『농담』에서 농담이 사형선고가 되는 사회를 말한다. 농담을 받아들일 줄 모르는 사회에서 루드비크는 점점 나락으로 떨어진다. 한 개인이 사회와 소통하는 일 역시 어쩌면 기적에 가까운 사건일 수 있다.

노신사는 젊은이의 고민을 살아왔다. 카페의 노신사는 실제로 알베르 카뮈의 책을 비평하기도 했던 철학자 브리스 파랭(Brice Parain)이었다. 관객은 영화 속의 나나가 되어 답을 기다린다. 꼭 정답이 아니라고 해도 같은 질문을 던지는 사람을 바라보는 것은 하나의 희망이 된다.

"말을 할수록 그 의미가 사라져요."

고개를 끄덕이게 된다. 하지만, 의미가 없다고 말을 나누지 않는다면 정말로 체념이 되어서 편안해질까. 상처받지 않겠다고 진공 상태만을 고집하며 자신을 가둔다면 무엇으로 숨을 쉬게 되나.

노신사의 말은 다시 살아난다.

"말이라는 건 삶에 비하면 거의 부활 같은 거예요. 말을 하지 않을 때와 다른 삶이에요. 말하기 위해선 말 없는 삶의 죽음을 거쳐야 해요. 설명을 잘하고 있는지는 모르겠는데, 객관적으로 인생을 볼 수 있기 전까지는 말을 잘하기가 힘들어요."

마음을 조금 놓아도 될까. 말이 나오지 않는 것에 대한 고민은 잘못된 것이 아니었다. 그것은 말이 다시 태어나기 위한 과정이다. 말 없는 삶의 죽음. 그것을 거친 이후에야 말을 제대로 할 수 있게 된다. 영화는 그것이 말의 부활이라고 전한다.

태양처럼 눈부신 젊은 날에는 보이지 않는 것들이 있다. 소비되고 과장되는 청춘의 클리셰들에 아찔해지기도 한다. 다시 돌아갈 수 없다는 아련한 서사 속에서 말 못 할 괴로움들은 축소된다. 그 빛이 누그러지고 그림자를 하나둘 보게 될 즈음 깨닫는 것들을 말해 줄 수 있는 사람이 주변에 있어야 한다. 온전히 그 의미가 닿지 않는다 해도.

극장 속의 빛이 모두 사라지고, 바깥으로 나오자 먼 하늘까지 노을이 번져 있었다. 저녁은 알 수 없는 세상으로 이어지는 듯 끝도 보이지 않는 하늘처럼 멀다.

한 여름이었을까, 아니면 이른 오후에 본 영화였을까. 그 하늘 끝에는 무수한 별들이 반짝일 시간을 기다리고 있었을 것이다. 영화의 여운 속에서 우리는 말없이 노을을 바라보았다. 주변에 보이던 낙원아파트의 창가엔 하나둘 불이 들어오기 시작했다. 창마다 오렌지빛 이야기가 감돈다. 그 불빛 사이에서 아직 다가오지 않은 날들을 그려 본다.

인디언 서머처럼 따뜻한 11월의 한낮을 걸으며 문득 낙원상가 옥상에서 바라보던 풍경과 영화 속의 목소리가 떠오른다. 극장에서 잔다르크의 죽음을 보며 눈물을 흘리던 나나를 생각한다. 당구장에서 자유롭게 춤을 추던 그녀를 바라본다. 극장은 그저 영화를 사러 가는 장소만은 아니었다.

서울의 중세적 풍경,
을지로

친구의 작업실은 세운상가에 있었다. 설치미술과 사진, 영상 작업을 하는 그 친구는 혼자 작업도 하고 작품들도 보관해 둘만한 공간이 필요했다. 그곳에 둥지를 튼 이유는 간단했다. 서울에서 가장 싼 월세가 있다는 소문이 작가들 사이에 퍼졌다.

월세에 크게 신경 쓰지 않아도 되는 것이 가장 큰 장점이지만, 더 좋은 것은 주변이 온통 수리점으로 가득하다는 사실이었다. 뚝딱거리고 부스고 만들고 하다 보면 공구들도 사야 하고 고장 나면 고쳐야 하는데, 멀리 가지 않아도 바로바로 해결된다. 한창 세운상가 재개발 프로젝트가 들어오기 이전부터 이미 설치 작가들이 이곳에 모여들기 시작했다. 젠트리피케이션을 피해 돌고 돌아온 사람들이 많았다.

그는 어느 전시회에서 알게 된 친구였다. 우연히 저녁을 같이 먹다가 이야기를 나눈 것이 인연의 시작이었다. 세운상가라는 말에 호기심이 들었고, 친구는 언제든지 놀러 오라고 했다. 나는 얼그레이 케이크를 하나 사 들고 을지로로 향했다.

세운상가(世運商街)에 와본 적이 있었던가?

어린 시절에 누군가를 따라와 본 것도 같은데, 어렴풋하다. 서울에 태어나 살았어도 늘 가던 곳만 가게 된다. 가본 기억인지 영화나 TV의 장면인지도 어렴풋한데 그 거대한 건물 앞에 서보니 더 모르겠다. 길게 이어져 있는 수리점들을 따라 걷는다. 입구에서 내부로 갈수록 과거로 깊숙이 들어가는 기분이 들었다.

'세계의 기운이 모인다'는 야심 찬 이름으로 지어질 때와는 꽤 멀어졌지만, 과거의 영화를 누리던 흔적까지 지워질 수는 없다. 옛 상가의 구조가 흔히 그렇듯 따로 분리되지 않고 열린 공간을 나누어서 가게들이 이어지다 보니 묘한 개방감이 든다. 머리 희끗하신 상인들이 가게에서 물건을 고치는 손길들 사이로 세월이 지나간다. 자연스럽게 주름진 표정에는 성실히 일해 온 사람 특유의 건강한 기운이 서려 있었다. 손끝은 기름때로 까매지거나 뭉툭해지기도 했지만 말 안 듣는 전자제품이라도 얼마든지 제자리로 돌려놓을 수 있다는 자부심이 배어 있었다.

수리점들을 지나 계단을 올라 조금 헤매다 작업실 같은 곳이 보였다. 문이 있는 막힌 공간이어서 언뜻 보기에 뭐 하는지 알 수 없다. 혹시 물건을 저장해 두는 곳이었을까. 따로 간판도 없으니 힌트도 없다.

슬쩍 문을 밀어 보니 작은 책상에 앉아 있던 친구가 환하게 웃는다. 세 평 정도의 아주 작은 방. 벽을 보고 책상 하나 있고 중간에 작은 테이블과 의자, 벽에 걸린 액자들, 구석에 쌓아 둔 오브제들-당시 친구는 검정고무신으로 설치 작품을 해서 고무신들이 한쪽에 수북이 쌓여 있었다.

조각 케이크와 향긋한 차가 작은 테이블에 올랐다. 습기가 많다며 친구가 피워 둔 향초의 불빛이 벽에 그림자를 만들며 아른거린다. 작업 이야기, 근황을 슬슬 나누다가 이곳 사람들이 궁금해진다.

세운상가의 터줏대감들인 기술자분들과 새로 들어온 젊은 작가들이 잘 지낼 수 있을까.

모든 것을 오픈해서 손님을 맞는 수리점과 달리 작가들은 막힌 공간을 만들어서 커튼을 치고 간판도 없이 들어가서 좀처럼 나오질 않는다. 그 친구의 작업실에도 몇 번 문이 열리곤 했었는데 토박이 기술자분들이 동그란 눈으로 안을 들여다보고 한마디씩 하셨다.

도대체 여긴 뭐 하는 곳이냐고.

그러면서도 젊은 친구들이 반가운 건지 그분들은 텃세 없이 언제나 친절히 대해 주신다. 뭐가 고장 나서 들고 가면 역시나 기막히게 수리해 주신다는 것이다. 옛 건물에는 그곳에 스민 정서가 있다. 요즘은 보기 드문 어떤 동네의 정이 그곳에 있는 것 같았다.

오래된 건물이다 보니 비가 샐 때도 있었다. 장마가 억수로 퍼붓던 어느 여름에는 물이 들어와서 대공사를 해야 했다. 친구는 물을 일일이 퍼다 내버리고 여기저기 빈틈을 막느라 분주했어도 기술자들이 가까이 있으니 언제나 수리는 빨랐다고 했다. 또, 6시면 무조건 전등을 꺼야 하는 규칙도 있었다. 야간작업을 다 하지 못한 아쉬움도 있었지만, 그래서 밖으로 나올 수 있었는지도 모른다. 지나간 고생담과 침수의 흔적까지 모두 이제는 수다거리가 된다.

　건축가 김수근이 지은 세운상가는 70~80년대 전성기를 지나면서 많이 잊혔지만, 이곳의 기술자들의 저력은 스쳐 갈만한 것이 아니다. 우주선이나 탱크도 만들 수 있다는 소문이 돌 정도의 재야의 고수들이 숨어 있는 전설 같은 곳이었다. 뭐든지 뚝딱 고쳐 내고 주문대로 척척 만들어 내는 기술로 자식들을 먹여 살리고 가족을 부양했으며 언젠가부터 벤츠 타고 지나가더라는 얘기를 어느 다큐멘터리에서 본 적이 있다. 지금은 다 지난 이야기라고 자식들에게 손 벌리지 않을 정도라고만 하셨지만, 그 역시 대단한 일 아닌가.

　차를 마시다가 친구가 한 얘기가 있다. 비엔날레 전시를 준비하다가 몇몇 외국인들이 작업실에 온 적이 있는데, 하나같이 을지로 일대를 둘러보면 막말로 '환장한다'는 것이다. 서울에 이런 곳이 있냐고 놀라면서 전혀 기대하지도 않았던 풍경들에 찬사를 보낸다고 했다.

　이곳에 사는 우리 눈에 칙칙하고 쇠락해 보이는 모습들이 그들에겐 얼마나 다르게 보이는 걸까. 특히 뚝딱거리고 망치질하고 수리하는 가게들이 도심에 즐비하다는 사실에 놀라는데, 그 모습들이 무언가를 떠오르게 하는 듯했다. 그러다 어느 인터뷰에서 그 정체를 알게 되었다.

어느 기자가 루이뷔통 트래블북 시리즈의 서울 편을 만들던 프랑스인 디자이너에게 물었다.

서울을 상징하는 장소는 어디라고 보는가.

디자이너들이 꼽은 곳은 흔히 떠올리는 경복궁 같은 궁들도, N타워 같은 랜드마크도 아니었다. 유럽 사람들의 눈에는 한국의 궁이 다른 동양의 궁과 크게 다르게 보이지 않는다. 그런 관광지만 돌다가 한국이 별로라고 하는 친구들도 있었다.

그렇다면 서울의 매력이 뭘까.

걸어서 돌아다니다가 드디어 발견하게 된 진짜 서울.

디자이너들은 수리점이 즐비한 을지로의 골목, 수제 공방들이 가득한 성수동을 꼽았다.

서울은 도심 한가운데서 장인들이 여전히 수작업을 하는 도시다. … 진정성 있는 노동의 현장이자, 유럽은 잃어버린 중세적 풍경이다. 파리엔 19세기 이후 장인이 도심에서 일하는 아틀리에가 사라졌다. 부티크만 존재한다. 중국, 일본에도 없는 풍경이다. 서울 사람들도 이런 모습이 미학적임을 깨닫는 것 같다.

서울에서 중세적 풍경을!

이미 오래전에 사라져서 이제는 작은 소도시에서나 찾을 수 있는 흔적들이 버젓이 서울 심장부에 살아 있다는 사실에 감동을 받은 것이다. 정작 살고 있는 사람들은 보지 못하는 것들.

정기용 건축가가 말했던 '의미의 창고'가 떠올랐다. 너무나 익숙하고 당연해서 열어 보지 않은 의미의 창고. 그의 저서 『서울 이야기』를 다시 펼쳐 본다.

내가 서울에 산다는 것은 세계를 사는 것이다. 수많은 사람들이 이루 헤아릴 수 없이 많은 삶의 방식 속에서 저마다 다른 가치관과 각기 다른 욕망을 분출하고 기쁨과 슬픔과 희망과 고통과 좌절의 궤도를 돌고 있다. 매일매일의 일상성은 천일야화를 만들고, 또한 서울의 역사를 만들어 나간다. 이런 현상을 두고 나는 서울을 열어 본 적이 없는 의미의 창고라 말한 적 있다. '오직 쓰기만 하고 한 번도 제대로 읽어 본 적이 없는 대하소설'이라고 명명한 적이 있다.

쓰기만 하고 한 번도 제대로 읽어 본 적이 없는 대하소설 같은 도시를 이제 펼쳐야 할 때가 아닌가. 디자이너의 인터뷰를 들으면서 생각해 본다. 너무 익숙해서 지나쳐 버리는 것들을 돌아봐야 한다.

돌멩이 손잡이를
잡으면

비가 온다는 예보는 없었다. 차창으로 빗물이 후두둑 떨어졌다. 모처럼 성수동을 가는 길이라, 좀 걸어서 돌아다니다가 눈에 띄는 카페로 들어가려 했다.

예보에 없던 비, 예정에 없던 코스.

주차장도 꽉 차고 골목을 빙빙 돌다가 겨우 자리가 난 곳에 차를 댔다. 우산 쓰고 나와 보니 빗물도 튀기고 멀리까지 걷기도 애매하다. 골라서 들어가려던 계획은 의미가 없어졌다. 그저 가까이 보이는 카페로 들어갔다. 언제 또 성수동을 올지 모르니, 아무 데나 들어가고 싶지는 않았지만.

왜. 여기 괜찮아 보이는데.

남편이 벌써 눈치챘다. 다른 곳을 기웃거리는 시선을 읽고 한마디한다.

붐비는 거리와 멀찍이 떨어진 골목 모퉁이에 있는 그 카페는 젠 스타일로 깔끔했다. 취향의 차이겠지만, 지나치게 모던한 인테리어를 그다지 좋아하지 않아서 망설였다. 모든 사물들이 반듯하고 어긋남이 없이 질서정연해서 조금 차갑게 보이는 공간에는 선뜻 발이 닿지 않는다.

커피를 주문하고, 자리를 잡는다. 그런데 자세히 보니 그 반듯함 속에 약간씩 변주가 있었다. 테이블은 옛 소반을 두기도 하고, 계단이 지하로 이어져 있었는데 낡아서 모서리가 닳고 부서진 콘크리트의 질감이 그대로 있었다. 천정의 기둥들도 낡은 질감을 살렸다. 자리마다 조금 다른 테이블과 의자들을 두었다. 카페 중앙엔 평상처럼 긴 사각형의 대리석 위엔 소반과 의자들이 있었고, 그 대리석 아래에 크고 납작한 돌덩이가 받치고 있었다.

겉만 봐서는 모르는 일이다.

그런데, 그 어디에서 왔는지 알 수 없는 커다란 돌덩이.

그 납작하고 거친 돌덩이를 보고 있으니 편안해졌다. 그러고 보니 카페 문의 손잡이도 까끌까끌한 자갈이었다. 빗길에 헤매느라, 또 빡빡한 일정으로 지친 오후를 보내고 겨우 도착한 곳에서 그 돌을 보는데 다른 것들이 다 잊혔다. 그 이후로는 모든 게 자연스러웠다. 따뜻한 커피도 맛있고, 쿠키도 달지 않았다. 이야기도 부드럽게 흘러간다.

언젠가 미술관에서 한참 동안 바라보던 사진 하나가 떠오른다. 고대 그리스에서 가져온 듯한 석조 테이블 위에 놓인 두 개의 질그릇이 있던 공간.

골동품상이기도 하며 갤러리를 운영하는 벨기에의 디자이너 악셀 베르보르트(Axel Vervoordt)의 작업이었다. 그의 공간에는 돌들이 이따금씩 등장한다. 쓸모없는 돌이 실내에 들어와 있는데 이질감이 없다. 아주 오래전부터 그 자리에 있었던 듯 평온함이 전해진다. 멀고 먼 고대의 시간이 이곳에 초대된 것 같다. 디자이너의 오랜 고민과 실험이 있었을 것이다.

돌은 시간에 의해 만들어지고 대지의 힘을 담고 있습니다. 조용하고 느리게 살아 숨 쉬는 생물처럼 수천 년, 수백만 년 동안 공명하는 영혼을 갖고 있죠. 그 종류에 따라 각기 다른 정신이 깃들어 있다고 믿는데, 제 직업은 이를 상기시키는 것입니다.

얼핏 보잘것없어 보이지만 실은 무게와 의미를 지닌 지상의 물건에 고귀함을 부여하는 일이죠.

재발견을 통해 더 나은 장소로 옮기는 것이 우리의 주요 업무 중 하나입니다.

—『마리끌레르』 2023년 9월호, 악셀 베르보르트 인터뷰

역사와 시간을 그대로 품고 있는 신비. 스스로를 꾸미거나 과장하지 않고 지나온 날들을 그대로 드러내는 가장 흔하면서도 가볍지 않은 하나의 돌.

우연히 마주친 돌을 바라보면서 전해지던 평화의 정체를 조금씩 알 것 같다. 우두커니 이 자리에 놓이기까지 돌이 통과해 온 대지의 힘.

도시 속에서 돌멩이 하나 쳐다보기 쉽지 않은 바쁜 시간들을 살아가면서 놓치는 무언가에 대한 질문을 돌이 던져준다. 하루에도 수많은 돌들을 지나쳐서 어디론가 도착하고 떠난다. 그렇게 매일 콘크리트 벽을 지나고 아스팔트를 밟으면서.

그 디자이너는 자신의 직업이 무엇이냐는 정의에 대해 이렇게 말했다.

"더 나은 장소를 찾길 원하는 돌을 모으는 사람."

그 돌들은 구르고 또 굴러서 기나긴 세월 끝에 우리의 눈앞에 나타난다. 그 일을 도와주는 사람이라는 스스로에 대한 정의를 내릴 수 있다는 것 역시 대단하다.

가장 흔하게 널려 있고 지나치기 쉽지만 누군가에게는 신비스러운 존재감을 드러낸다. 조앤 롤링의 해리포터 시리즈에서 마법의 시작은 돌이었다.

영화 〈에브리씽 에브리웨어 올 앳 원스〉(Everythhing everywhere all at once, 2022)의 벼랑 끝에서 돌멩이들은 뭐라고 말했었나.

기나긴 지구의 역사 속에서, 우주 가운데 인간은 아주 작고 어리석은 존재라는 것.

내 삶에서 거쳐 왔던 수많은 실패와 거절들이 지금 나를 이곳으로 끌고 왔다는 사실. 돌은 단단하게 다져진 채 고요함으로 전달되는 태고의 언어를 알고 있는 것이다. 그 속에서 깎이고 닳고 흠이 났을지라도 묵묵히 세월을 견뎌 내었고 역사를 지켜봤다.

세상에서 마땅히 들려야 할 소리가 잠잠해지고 사람들이 말하지 못할 때가 오면 돌들이 소리칠 것이라고 성경은 말

한다. 태고 이래 인간의 언어가 사라진 자리에서, 가장 오래
된 관찰자인 돌의 기억이 비로소 증언을 시작하는 것이다.

이따금씩 냅킨 뭉치를 자갈로 눌러 두는 카페들을 종종
본다. 그 돌이 손에 닿을 때면 아는 사람들 사이에서만 비밀
처럼 전해지는 하나의 고고한 신비가 슬쩍 스칠 것이다.
돌멩이가 건네주는 평안에 슬쩍 손을 대본다.

거리의
케플러 코드

거리는 종종 눈치 게임을 품고 있다. 발길이 뜸한 낮고 오래된 건물에, 작은 글자가 보인다. 간판 자리 맨 밑에 보일 듯 말 듯 쓰여 있다.

"kepler 00"

카페는 아니고, 작업실인가 했는데 작은 출판사였다. 수줍은 소녀의 고백처럼 겨우 보이는 글씨. 나 여기 있다고 크게 외치지는 못한 작은 속삭임 같다. 누군가 좀 알아주었으면 좋겠다는 일종의 눈치 게임. 아마도 이렇게 말 걸고 싶었던 것은 아닐까.

"케플러를 좋아하세요?"

행성의 운동 법칙을 발견해 낸 과학자 요하네스 케플러(Johannes Kepler, 1571~1630).

철학자 칼 포퍼는 자연과학을 태동시킨 세 명의 지식인-동시대인 갈릴레오와 케플러, 그리고 뒤를 이은 뉴턴 중에서 가장 위대한 사람으로 케플러를 꼽았다. 대개는 근대 과학의 아버지, 뉴턴을 떠올리지 않을까? 그때부터다. 케플러에 대해 관심을 갖게 된 것은.

오늘날 미신은 과학으로 타파해야 할 대상으로 통하지만, 돌아보면 위대한 과학자들도 미신에서 완전히 발을 빼지 못했다. 진리를 탐구하는 과정으로서 영역을 가리지 않던 호기심에서 비롯되었을 것이다. 성서의 깊은 연구자였던 뉴턴은 연금술에 빠져들었고, 천문학에 헌신했던 갈릴레오나 케플러도 점성술을 빌려 활동해야 했다.

하지만 그중에서 미신의 독단적 행태에 저항한 것은 케플러가 유일했다. (점성술은 당시 봉급 받는 천문학자의 의무이기도 했는데, 케플러는 점성술을 '훌륭한 천문학의 어리석은 어린 딸'이라고 표현했다.) 칼 포퍼는 '자기 비판적 점성술사'였다는 표현을 썼는데, 케플러는 별자리가 말해 주는 운명은 고정불변한 것이 아니라 인간의 의지로 바꿀 수 있는 것이라는 것을 설파했다. 이러한 자기 비판적 성향은 그의 연구에서도 드러났다.

케플러는 세 명 중 가장 호감 가는 성격에 열린 마음, 겸손한 태도까지 갖추었습니다. … 세 사람 가운데 케플러만이 유일하게 연구를 완성했으며, 또 유일하게 모든 연구 과정을 정직하고 양심적으로 기록했습니다. 그뿐 아니라, 케플러는 자신에게 지적 영감을 준 코페르니쿠스의 대범한 아이디어들이 탈레스로부터 아리스토텔레스, 아리스타르코스, 프톨레마이오스에 이르는 고대 그리스 사상가들에게서 기원했음을 간파한 유일한 인물입니다.

갈릴레오와 뉴턴과 달리 케플러가 자신의 실수들(뼈를 깎는 어려움을 통해서만 극복할 수 있는 실수들)을 직시하고 그로부터 뭔가를 배울 수 있었던 건 바로 그의 겸손함 덕분이었습니다.

— 칼 포퍼, 『삶은 문제해결의 연속이다』

시행착오를 인정한다는 것. 오랜 시간과 비용을 들이거나 인생을 걸고 매진해 온 어떤 결과가 잘못된 것이라는 것을 알게 되었을 때 이를 인정하기가 쉬운 일일까. 엎기엔 너무나 아까운 것이기에 대개는 그 잘못을 덮거나 피해 갈 수 있는 방법을 찾기도 한다. 하지만 케플러는 달랐다. 그는 깨끗이 실수를 인정하고 극복함으로써 케플러의 3법칙을 완성했다. 20년 가까운 세월 동안 시행착오 끝에 도달한 것이다.

1604년 케플러는 화성의 공전궤도가 원형이 아니라 타원형이라는 것을 발견했다. 바로 행성들은 태양을 한 초점으로 타원궤도를 가진다는 케플러 제1법칙이다. 이렇게 프톨레마이오스 체계와 코페르니쿠스 체계에 존재하던 수십 개의 원이 모두 사라지게 하는데 2,000년 가까이 걸렸고, 인류는 드디어 오늘날 우리가 아는 행성의 실제 궤도를 그리게 된 것이다.

진리를 발견한 기쁨을 누리는 것도 잠시, 케플러는 또 하나의 문제를 떠안게 된다.

궤도가 왜 하필 타원형이란 말인가? 찌그러진 듯한 그 모양은 아름답지 않고 불완전하다. 게다가 부등속 운동을 하는 행성이라니 이 또한 아름답지 못하다. 진리는 아름답게 떨어지는 어떤 것이 아니었나.

케플러 자신도 이 질문에 대답할 수 없을뿐더러, 동시대 지성들인 갈릴레오와 데카르트조차도 이 타원궤도를 받아들일 수 없었다. 이렇게 강렬한 반대에 부딪힌다면 물러서야 할까. 이제껏 케플러가 극복해 온 시행착오들의 또 다른 연장선일 뿐일까. 여기서 케플러는 직관을 밀고 나간다. 그 질문을 고민하다가 그는 케플러 2법칙을 발견한다.

보이지 않는 신의 수학적 조화가 있을 것이라는 케플러의
신념은 이 정도 난관에 좌절될 수 없었다. 그리고 케플러는
다행히 그것도 찾아냈다. … 행성의 가속과 감속에 수학적
규칙성이 있을지 모른다! 케플러는 이 생각을 끝까지 진행
시켰다. … 행성과 태양을 연결시킨 직선은 동일 시간에 동
일 면적을 휩쓸고 지나갔다! … 지구도, 화성도, 나아가 여섯
행성 모두가 이 가정을 철저히 따르고 있었다. 케플러는 안
도했다. 비록 타원궤도였지만 그 역시 그 타원궤도는 철저히
수학적 규칙성을 머금은 채 움직이고 있었다. 신이 수학적으
로 우주를 창조했음은 분명했다.
— 남영, 『태양을 멈춘 사람들』

케플러는 당대 사람들에게 너무 낯설었던 타원궤도의 불
완전성을 파고든 끝에 그 안에서 다시 수학적 규칙을 발견
했다. 낯선 불규칙 속에서 찾아낸 새로운 방식의 규칙성이
었다.

케플러의 화성궤도 계산 기록은 무지막지한 수작업이었
다. 미적분도 계산기도 없던 시절, 깨알 같은 숫자들로 종이

는 빽빽이 채워졌다. 행성 궤도의 타원 부채꼴을 무수히 작은 삼각형으로 나누어 그 합을 계산하는 끔찍하게 지루하고도 복잡한 작업의 연속인 나날들. 세상의 위대한 일들은 이루 말로다 할 수 없는 지루한 과정을 통과해 낸 결과일 때가 많다. 이렇게 발견하고도 책으로 나오기까지는 또 9년이 걸렸다. 그렇다면 케플러는 오로지 연구에만 몰두할 수 있었을까.

케플러는 프라하의 궁정 수학자로 임명되었지만 적자 재정을 핑계로 급여 연체가 잦았고, 그에게 자료와 도구를 제공한 협력자 튀코의 사람들과도 신경전을 벌여야 했다. 주기적으로 원치도 않는 점성술로 황제의 기분을 맞춰야 했고, 기타 임무도 수행해야 했다. 시대의 지식인들은 그의 이론을 계속 물고 늘어졌다. 가정사 역시 평탄치 않았는데, 아버지는 폭력적인 사람이었고, 어머니는 약물 제조에 몰두하여 마녀사냥 당했고 동생은 간질 환자였다. 아내는 프라하 생활에 적응하지 못해 우울증이 심해져 죽음에 이르며, 자식을 여럿 잃게 된다.

이런 악조건 속에서도 연구에 몰두한 끝에 케플러의 1, 2법칙 이후 10년, 50세가 되었을 때 케플러 3법칙을 완성한다.

그 후에도 여전히 종교 정치 분쟁 속에 자신의 신앙을 돈으로 바꾸지 않았기에 늘 투쟁해야 했고 밀린 급여를 받으려고 길을 떠나야 했고, 주어진 잡일들에 시달리다가 결국 객사했다.

바깥에서 그처럼 강렬한 폭풍이 휘몰아쳐 오는데 어떻게 케플러는 그 혼돈 속을 뚫고 나갈 수 있었을까.

칼 포퍼가 그토록 케플러를 높이 평가한 것은, 시행착오를 다루는 태도와 직관에 대한 믿음이었다.

직관 없이는 그 어떤 진일보도 없습니다. 대부분의 직관이 틀린 것으로 드러난다고 해도요. 우리에겐 직관과 아이디어, 가능하면 서로 상반되는 아이디어들이 필요합니다. 또한 그 아이디어들이 어떻게 하면 비판받고 개선되고 엄중하게 검증받을 수 있을지에 대한 아이디어도 필요하고요. 그 아이디어들이 논박당하는 그날까지 (아니 그 이후로도 쭉), 우리는 진위가 되는 아이디어를 가지고 계속 연구해 나가는 수밖에 없습니다. 최고로 뛰어난 아이디어도 의심을 품을 여지가 있게 마련이니까요.
— 칼 포퍼, 『삶은 문제해결의 연속이다』

길을 걷다가 뜻밖에 마주친 이름, 케플러를 보면서 앞으로 나아간다는 것에 대해 생각한다.

직관으로 나아가는 용기.

틀렸을 때 인정하고 배울 수 있는 태도.

그리고 나아갈 수 있다는 믿음.

그것이 여전히 세상에 살아 있는 '케플러' 코드이다.

한약 한 사발 말고
커피 한 잔

어릴 적 살던 집 안방에는 자개장롱이 있었다. 그 시절엔 흔한 가구였다. 검은빛이 도는 니스칠을 한 장롱의 문은 반짝이는 자개 조각들로 촘촘히 채워져 있었다. 날갯짓을 하는 학의 문양도 있었고, 꽃이나 나비도 어렴풋이 기억난다. 빛이 드는 각도에 따라 다른 빛으로 반짝였다.

어린 시절 장롱은 그저 옷장만은 아니었다. 가끔은 그 안에 들어가 문을 닫고 앉아 있곤 했다. 누구도 알려 주지 않았지만 너무나 익숙해진 놀이였다. 문이 닫혀도 너끈할 정도로 체구가 작던 시절. 옷들 사이를 비집고 앉아 있으면 엄마 코트에 배어 있는 화장품 냄새나 모직 특유의 냄새들이 났다. 문을 닫으면 빛이 가늘어지다가 사라졌다. 깜깜한 암흑이 고향처럼 편안하게 다가왔을까. 암흑 속에서 아이의 상상은 보이지 않는 세계로 뻗어 갔다.

돌아보면 이상한 일이다. 동네 누구네 집에 가도 있어서였을까. 자개 문양이 멋지다는 걸 몰랐다. 그냥 어디에나 있는 가구일 뿐이었다. 오히려 얼른 이 오래된 장롱을 버리고 현대식 멋진 옷장이 들어오기를 바랐던 것도 같다. 하지만 부모님은 꽤 오래 자개장롱을 갖고 계셨다. 엄마가 시집올 때 들여온 가구라서 그랬을 것이다. 할머니와 할아버지가 고르던 정성과 딸을 시집보내는 마음이 같이 담겨 있는 기념품 같은 것이었을 것이다.

그래도 작별의 시간이 온다. 언제 버렸는지조차 기억에서 희미하다. 오래되었다는 이유 말고 딱히 부서지거나 닳거나 한 것도 아니었는데 이사하면서 바뀌었을 것이다. 그렇게 자개 장식은 한동안 잊혔다. 세월은 빠르게 변하고 신상품들은 따라가기 무섭도록 마구 쏟아졌다.

을지로에서 가장 좁은 골목이 아닐까. 한 사람이 겨우 들어갈 법한 그 골목-건물과 건물이 맞닿은 틈 사이로 들어가면 을지로에서 가장 유명한 커피집이 있다. 조선시대 한약

방이 있던 자리에 궁서체의 간판이 보인다. 명의 허준이 환자를 치료하고 약재를 보관하던 국립의료기관이 혜민서(惠民署)였다.

커피를 주문하러 갔다가 잠시 시선이 머문다. 주문받는 작은 바 아래 서랍장은 자개 장식으로 채워져 있었다. 내가 보낸 어린 시절의 일부가 그 공간에 배어 있었다.

삐거덕거리는 가파른 계단을 따라 올라가면 타임슬립이라도 한 듯 신세계가 펼쳐진다. 커다란 자개장 문짝 하나가 벽에 걸려 있다. 학들이 날고 첩첩산중의 산이 이어지고, 지붕이 높은 집들이 장식되어 있다. 천 년 묵은 고가구 테이블에 나뭇결이 그대로 살아 있고 옛 백열전구를 달아 놓은 샹들리에 조명이 은은하다. 긴 추를 매단 괘종시계가 있고 수동식 저울도 보인다. 경성의 모던보이, 모던걸들이 모였던 장소라고 믿고 싶은 커피집이다.

아버지가 어린 시절부터 오래 살던 집이 주교동에 있었다. 우래옥까지 걸어갈 수 있는 거리였고, 지금도 종종 동창들을 이 근처에서 만나곤 하신다. 그 집이 개발되지 않고 여전히 자리를 지키고 있다는 얘기를 들었다. 내가 평양냉면을 좋아하게 된 근거를 이 사실에서 추리해 보기도 한다.

어버이날 즈음 우래옥을 가야 한다고 우기면서 부모님을 모시고 갔다. 점심으로 평양냉면과 불고기를 먹고 혜민당까지 갔다. 5월의 햇살을 등에 얹고 걸었다. 봄바람은 부드러웠다. 세월을 훌쩍 넘어 아버지 시절 다방보다 넓은 세계가 카페 안에 펼쳐져 있다.

커피한약방은 누구와 와도 어색하지가 않다. 어른을 모시고 와도 친구들을 불러도, 심지어 외국인들도 모두 어울리는 공간이다. 그날 건너편 테이블의 외국인들을 보고 있자니, 경성의 한 장면 같았다. 뭘 좀 아는 외국인들은 스타벅스보다 이곳을 좋아한다고 들었다. 혜민당을 드나들던 백성들의 발걸음은 할아버지와 아버지를 거쳐 낯선 나라의 이방인들에게까지 이어졌다.

어떤 공간에서는 시간이 섞여 든다. 우리는 따로따로 동떨어진 존재가 아니라는 것을 어떤 장소는 눈앞에서 보여 준다. 세대를 넘어 보이지 않는 연결이 이어지고 같은 세계의 일원이라는 사실이 문득 제자리로 돌아온다.

국적도 나이도 각기 다른 사람들 사이에 자신들만의 이야기가 흘러간다. 그날처럼 부모님의 어린 시절 이야기를 많이 들었던 날이 없었다. 아버지의 동네에서 우르르 달려오던 아이들의 소리가 어딘가에서 들려올 것 같다.

　어릴 적 자개장롱 속에 웅크리고 앉아 떠올렸던 이야기들은 지금은 어디로 향하고 있을까.
　문득 궁금해지는 오후다.

불시착한 우주선의
서울 라이트

"내가 제정신이 아니라고 생각해요?"

앨리스는 아빠에게 묻는다. 자신이 경험한 이상한 나라를 아무리 설명해도 누구도 믿어 주질 않아 답답하다. 아빠는 대답한다.

"넌 완전히 돌았어. 하지만 비밀 하나 알려 줄게. 멋진 사람들은 다 그래."

루이스 캐럴의 소설 『이상한 나라의 앨리스』에서 모자 장수가 앨리스에게 건네는 말이다. 동명 영화를 만든 팀 버튼 감독은 이 문장을 자신의 전시회에서 선보였다. 기괴함과 아름다움, 잔혹함의 경계를 넘나드는 그의 작품들을 볼 때 그 한마디가 얼마나 위로가 되었을지 짐작이 간다.

좀 이상해도 나만의 이야기를 하고 싶지만 머뭇거리는 사람들이 있다. 그럴 때 멋진 사람들은 다 그렇다고 해주면 용기를 낼 수 있을 것이다. 쓸데없는 얘기나 한다고 꾸지람 듣는 것이 아니라, 어쩌면 남들은 상상하지 못하는 멋진 세계의 일원일 수도 있다는 기대도 실어 준다.

팀 버튼은 내향적이고 공동묘지 탐험을 즐기는 아이였다. 가위손 때문에 사람에게 다가갈 수 없는 쓸쓸한 에드워드, 얼룩말 같은 줄무늬 수트를 입고 잔뜩 일그러진 목소리를 내는 비틀쥬스, 썩어 가는 피부와 툭 튀어나온 눈의 유령신부 에밀리 등 팀 버튼 특유의 기괴하고 소외받는 캐릭터들은 그가 지나온 궤적을 반영한다. 이처럼 몽환적이고 독특한 그만의 스타일이 '버트네스크'(Burtoneque)라고 불릴 정도이다.

팀 버튼의 두 번째 전시회가 2022년 DDP에서 열렸다. 한 도시에서 두 번 전시를 하지 않는 그가 이례적으로 서울을 찾았다. 첫 방문에서 광장시장이 마음에 들었고, 또 한 가지 이유는 DDP에서 전시를 해보고 싶다는 것이었다. DDP를 지은 건축가 자하 하디드를 존경한다고 했다.

"서울에 불시착한 우주선"

2014년 자하 하디드가 건축한 DDP가 완성되었을 때 사람들은 냉담했다. 우리 땅에 이런 형태의 건축물이 있었던 가. 온통 은빛 패널로 뒤덮여 있는 하나의 유선형 덩어리 같은 낯설고도 이질적인 모습을 어떻게 받아들여야 할지 몰랐다. 곡선으로 이어진 패널 중에 같은 모양으로 된 것은 하나도 없다. 하나의 건물이라는 이미지를 깬 이 건축물 외형뿐 아니라 주변과도 전혀 조화되지 못한다고 비판받았다.

이전에 그 자리를 차지하고 있던 동대문운동장에 대한 추억도 한몫했을 것이다. 떠들썩한 함성이 울리는 야구장이기 전에는 조선시대부터 일제강점기까지 국가를 지키던 훈련도감이 있던 자리였다. 국가의 유물이 있는 곳인데 전혀 어울리지도 않는 흉물이 들어온다고 말들도 많았다.

"당신의 건축엔 왜 직선이 없나요?"

자하 하디드가 자주 받는 질문이었다. 그는 모래바람을 맞고 사막을 보며 자랐다. 어린 시절 그렇게 바라보던 자연이 그의 건축에 스며들었다. "삶은 격자무늬에서 만들어지지 않아요. 자연을 생각해 보면 이해가 될 거예요. 어느 곳이 평평하거나 균일한가요?"

건축가 자하 하디드 역시 앨리스처럼 '이상한 나라'의 일원이었을지 모른다. 이라크 바그다드 출신인 데다가 건축계에서 보기 드문 여성이라는 조건은 큰 기회를 얻기 어렵다는 뜻이기도 했다. 하지만 하디드는 아버지를 따라 여행을 많이 다녔고 건축 양식에 호기심을 느끼며 영국의 건축학교에 입학했다. 그곳에서 유명 건축가 렘 콜하스를 만났고 그의 회사에 들어가 승진하며 승승장구한다. 그러다 그녀는 회사를 떠나 사무소를 차린다. 자신의 작품을 하려 했지만, 공모에 떨어지는 시간이 길어진다. 종이 위의 건축물만 다루는 '페이퍼 건축가'로만 세월을 보낼 것인가. 하지만 그녀는 두드리기를 멈추지 않았다. 그러다 2004년 프리츠커 건축상을 수상하면서 이름을 알리게 되었다. 1979년 프리츠커 건축상이 제정된 이래 25년 만에 최초의 여성 건축가이자, 최연소급 수상자였다. 당시 나이 53세. 거대한 자본과 기술, 수많은 사람들과의 조율이 필요한 건축의 특성상 50대는 청년의 시기로 통한다.

자하 하디드는 한국인의 정원에 주목했다. 하늘에서 내려다보면 DDP의 천정은 산책하기 쉬운 정원처럼 만들어졌다. 건물 뒤편에는 야구장에 있던 조명탑 두 개를 남겨 놓았다. 건축 과정에서 발견된 유물들은 건물 사이에 보존되어서 독특한 풍경을 만든다. 미래의 어딘가엔 과거의 유물이 숨 쉬고 있다. 코너를 돌면 회전목마가 돌아간다. 땅 위로 고개를 내민 유물들 주변에 사람들이 앉아서 쉬고 있다.

건축가는 단순히 걷고 쉬기 위해 이곳을 찾는 사람들을 주목했다. 산, 바람, 물결, 우주, 도시. 자하 하디드가 DDP를 통해 바라본 풍경이다. "건축은 사람들이 생각할 수 없는 것을 생각하게 해야 한다."

전시와 패션 1번지가 된 DDP에 오로라가 뜬다는 뉴스를 봤다. 해 질 무렵 어둑해질 때까지 기다리면서 주변을 걷다가, 유려한 은빛 곡선 사이로 새어 나오는 초록빛을 발견했다. 미로처럼 이어진 길을 따라 초록빛을 쫓았다. 한참을 걷다 보니, 오로라가 피어나는 하늘이 눈에 들어왔다. 이미 많은 사람들이 돗자리를 깔고 앉아서 오로라를 즐기고 있었다. 어둠 속에서 구름처럼 초록빛이 내려앉고 음악이 그 사이를 떠돈다. 도란도란 나들이 온 가족들의 말소리가 들려온다. 미구엘 슈발리에의 〈보레알리스〉(Borealis)라는 작품이다.

서울에 불시착한 우주선에서 마주친 기이하고도 황홀한 '서울라이트'의 시간들이다. 결국 시간만이 그 작품을 드러나게 한다.

남산 피크닉에서
사울 레이터를

2022년 사울 레이터 사진전에 갔다.

남산 근처 '피크닉'(Piknic)이라는 전시관에서였다. 피크닉은 내가 좋아하는 미술관인데, 가는 코스가 재미있다. 지하철역 근처에서 언덕으로 빙 둘러 가는 길이 있고, 조금 돌아서 서울로 7017를 지나 도착하는 방법이 있다. 구름다리 같은 고가도로 위를 걸어도 좋고, 촘촘히 옛 건물들이 붙어 있는 비스듬한 언덕길을 올라도 여유롭다. 그러다 오래된 붉은 벽돌의 건물을 마주치게 된다. 서울의 숨겨진 표정을 보여 주는 곳, 사울 레이터의 전시에 어울리는 장소이다.

사울 레이터의 사진은 제법 알려졌기에 그가 내내 유명 사진가의 길을 걸어온 줄 알았다. 잡지와 화보, 각종 전시,

화려한 셀럽들과의 교류가 계속되는 삶 말이다. 토드 헤인즈 영화 감독이 〈캐롤〉에서 그의 사진의 영향을 받았다고 했다. 그 정도 감독이 언급할 정도라면 이미 유명인일 거라고 생각했었다.

유명하거나 성공한 인물을 바라보는 시선에는 결과론이 작용한다. 유명하다고 하면 그럴 만하다고 보게 되지만 누군가는 미리 알아본다.

사울 레이터는 60년 만에 대중에게 알려졌다고 하니, 작업의 대부분의 시간들을 조용히 지내온 셈이다. 누가 봐도 끌릴 만한 몽환적이고 따뜻한 그의 사진이 주목을 받은 것이 그리 오래지 않았다니 조금은 놀라웠다. 따져 보면 인과 관계가 명확하지 않은 일들이 많다. 사진이 좋아서 유명해진 것인지, 유명해져서 사진이 좋아 보이는 것인지.

탁월한 안목의 소유자만이 그 경계에서 자유로울 수 있지 않을까. 2005년 독일의 유명 출판사 '슈타이들'의 대표가 약속 장소에 미리 도착한 김에 우연히 들렀던 전시회에서 사울 레이터의 사진을 주목하게 되면서 그의 사진집을 출간했다. 오늘날 사울 레이터는 뉴욕을 가장 아름답고 독창적으로 포착한 사진가로 꼽힌다.

"진짜 뉴욕이 어디죠?"

마틴 스콜세지의 다큐 〈도시인처럼〉에서 작가 프란 레보비츠가 묻는다. 순간 웃음이 난 것은 세상 어디나 사람들은 비슷하다는 생각 때문이다. 뉴욕도 다르지 않다. 서울에서도 종종 듣는 질문이 있다. 진짜 홍대는 어디이며, 어느 시절이었는지. 누군가에게는 90년대 또 누구는 2000년대, 각자 자신만의 장소가 있다. 뉴욕에 대해서도 누군가는 이스트 빌리지, 누구는 윌리엄스버그, 브루클린? 또 같은 장소라 해도 시대에 따라 머릿속에 그려지는 뉴욕은 얼마든지 다를 것이다. 시시한 수다는 계속되어야 한다.

사울 레이터의 뉴욕은 1950년대 눈 오는 날 노란 택시가 지나가고, 빨간 벽돌 빌딩들 사이로 바삐 걸어가는 사람들이 다니는 거리이다. 다리 밑에서, 겨울날의 입김이 느껴지는 유리창 너머로, 문틈 사이로, 혹은 길 어느 모퉁이에서. 공공 쓰레기통 너머로, 후미진 골목 한 켠 창고 옆으로 보이는 흔한 일상인데, 가만히 들여다보면 꿈같아 보이는 풍경이다.

그저 별다를 것 없는 일상에 카메라를 갖다 댄 느낌. 모르는 사람들을 향해 셔터를 누르는 일에 조금은 머쓱함과 미안함을 느꼈던 사진가. 전시 사이 그의 인터뷰를 인용한 글들이 보였다. 사울 레이터는 그가 찍는 대상과 같은 사람이었다. 자신의 작업에 대해서도 전혀 꾸밈없고, 최소한의 쇼맨십도 갖지 않은 사람 같았다. 사진에 대한 철학을 묻는 질문에도 특별한 것이 없다는 말로 대신했다. 사진을 보며 친구와 그런 얘기를 나누었다. 철학이 없다고 말한다고 해서 철학이 없는 사람은 아니라는 것을. 아무런 기준이나 생각이 없이 그냥 작품이 뚝 떨어지는 것이 아니므로. 우리는 말을 아끼는 사진가의 문장 속 행간을 읽어 보려 했다.

세잔은 그림을 그린다는 것에 대해 이렇게 말한 적이 있다. "세상의 삶에서 한순간이 지나간다! 그 순간을 있는 그대로 그리고 나머지는 모두 잊어버리는 것! 바로 그 순간이 되고, 예민한 감광판이 되는 것… 우리가 본 것을 이미지로 남기고, 우리 시대 전에 나타났던 것들은 모두 잊어버리는 것…"

사진이 이 시대의 그림이라면 그는 자신이 사는 뉴욕의 그 순간을 있는 그대로 담았다. 나머지는 모두 사라진다. 잊혀진다. 그리고 그 시대와 공간을 뛰어넘어 그곳에 있지 않았던 사람들에게도 하나의 순간으로 남는다. 그렇게 우리는 연결된다.

북촌 한옥,
처마 끝 달 조각

한낮처럼 뜨겁던 아침이었다. 8월의 햇살 아래 카메라 몇 대가 보인다. 아침 7시부터 길가에 촬영팀이 모여 있다. 손에는 김밥이 하나씩 있다. 그다지 우아한 풍경이 아니라 외면하고 싶지만 내 손에도 김밥이 들어온다. 다들 아침 식사 챙길 겨를 없이 나왔을 것이 뻔하다. 은박지를 벗겨 김밥을 먹으며 촬영 준비에 한창이다.

그 시간의 북촌은 한산했다. 어디에선가 새소리도 들려왔다. 도로엔 차들만 보이고 가게들은 아직 문 열기 전이다. 야외 촬영이 있는 날의 식사는 주로 김밥 아니면 도시락일 때가 많다. 어디 근처 식당에라도 들어가서 먹기도 하지만, 촬영하다가 늦어지거나 일정이 밀리면 다른 방법은 없다. 며

칠씩 김밥에 물리다 보면 절로 투정이 나오기도 한다. "김밥과 도시락만 아니면 뭐든 좋아."

하지만 오늘도 예외가 없다. 어느 일터나 마찬가지다. 알고 보면 그리 우아한 세계가 되지 못한다. 그렇게 발로 뛰고 땀으로 스며든 나날들이다.

문해력에 관심이 높아지면서, 할머니들을 모시고 하루 꼬박 녹화 일정이 잡혔다. 전후 베이비붐세대들이 흔히 그렇듯, 남아선호사상과 경제적 어려움에 떠밀려 제대로 한글교육조차 받지 못한 분들이셨다. 할머니들은 대개 멀리 여행도 못 다니시고 일만 하시며 지내는 경우가 많다. 한글 공부도 하면서 나들이도 한다는 취지로 제작팀은 북촌 한옥을 섭외했고 할머니들은 서울 구경한다며 기차를 타고 일찍부터 도착하셨다.

전국에 이름난 한옥마을들이 있지만 한옥이 지어진 시기나 특성들은 다소 차이가 있다. 북촌은 청계천과 종로의 북쪽이라는 뜻에서 지어진 이름이라고 한다. 조선시대 고관대작들의 거주지로 경치가 좋고 궁이 가까워 살기 좋은 곳으로 꼽혔다. 북촌이 지금의 한옥마을이 된 것은 1920년대 이곳의 대량 필지를 사들여 서민들을 위해 작은 한옥을 분양한 '건양사'의 역할이 컸다고 전한다. 최근엔 북촌 8경이라고 해서 산책지도가 만들어져 골목을 걷는 코스까지 소개되고 있다.

후다닥 김밥을 먹고 스태프들은 가회동의 어느 한옥으로 향했다. 큼직한 돌계단을 큰 보폭으로 올라 숫을대문을 통과하니 널찍한 마당 뒤로 오래된 한옥이 자리하고 있었다. 기와지붕 아래 서까래, 대청마루와 디딤돌, 창호지를 바른 소박한 격자무늬의 창문이 요란하지 않게 소박한 차림으로 다가왔다.

모처럼의 서울 나들이. 한옥은 가족처럼 할머니들을 맞았다. 마당에서 애들처럼 게임도 하고, 안채에서 퀴즈도 풀었다. 할머니들의 시원한 웃음과 호기심 가득한 눈빛을 보면서 며칠을 고생해서 쓴 대본의 보람을 알았다. 또, 젊음이라는 것은 호기심에서 오는 것이라는 생각도 들었다. 더 이상 새로울 것도 궁금한 것도 없을 때야말로 젊음이 멈추는 것이 아닌가 싶다. 품격 역시도 배움과 반드시 비례하는 것은 아니었다. 글자를 모른다 해도 삶에서 우러나는 어떤 태도에서 느껴지는 기품이 있다. 다른 사람들을 배려하고 자신을 희생한다는 것이야말로 이 시대에 많이 배웠다는 사람들에게도 찾기 어려운 덕목이 아닌가. 어떤 학위나 졸업장으로도 살 수는 없는 것들이다.

마당이 넓어서 600평 정도 된다는 그 한옥의 한나절이 그렇게 흘러간다. 여름날의 햇살은 저녁까지 수그러들 줄 몰랐다. 그래도 실내에서 진행하고 동선이 길지 않아 힘들다 할 수는 없었지만 슬슬 피곤함이 밀려왔다. 그렇다고 무거운 카메라 들고 돌아다니는 감독들도 있는데, 티를 낼 수 없어서 잠시 툇마루 쪽으로 가서 혼자 쉬고 있었다. 노을이 지는가 싶더니 금세 어두워졌다.

툇마루에 걸터앉아 위를 올려다보니 처마 너머로 밤하늘이 보였다. 별빛 가득할 리 없는 삭막한 밤이었지만 무심하게 흐린 잿빛 하늘도 도시의 꾸미지 않은 표정 같았다. 지붕 아래 은은한 전등이 켜지고 빛이 번져 가며 하늘에 달 조각이 보였다. 사극의 한 장면 속으로 들어온 것처럼 빠져드는 밤하늘이다. 다른 빌딩은 보이지 않는 스카이라인이 낯설게 다가온다. 한참을 보고 있자니 밤바람이 불어왔다. 그런데!

바람을 따라 옅은 향이 실려 온다.

그저 숲이나 산을 걸을 때 다가오는 그 나무 냄새가 아니었다. 흔히 맡아 본 적이 없는 아주 오래된 나무의 향이었다. 나무로 지어진 집에서 흘러나오는 비밀 혹은 멜로디처럼 스르르 스쳐 가는 향기. 피곤한 일과를 마친 일상의 틈 사이로 다른 차원이 스며든다.

무슨 신비체험이라도 한 것처럼 놀라서 가만히 있을 수가 없었다. 마침 안주인이 방으로 들어가길래 따라 들어가 말을 걸어 보았다. 안주인이 눈으로 웃는다. '너도 그거 알았니?' 하는 듯한 표정으로 답한다.

"별채는 향나무로 지었는데, 거기에서는 향나무 냄새가 나죠."

140년 전의 향나무가 환영한다는 신호를 보내는 듯했다. 한옥에 오래 머물다 보니 처음 알게 된 사실이었다. 100년이 넘도록 향을 잃지 않았다는 것이 놀라웠다. 이 집의 세월을 다 아는 향나무가 지나가는 손님에게 선물처럼 들려주는 이야기였을까.

자연의 흐름 속에서 은은하게 다가오는 방식이 멋지다.

뜻밖의 선물은 질문의 씨앗을 뿌렸다. 혹시, 이런 것이 우리만의 고유한 아름다움일까.

완벽한 대칭이 아니어서 볼수록 끌리는 달항아리나 지형의 특성을 살려서 짓는 한옥처럼 오래 볼수록 알게 되는 깊이가 있다.

삼국사기의 저자 김부식이 백제 온조왕 시절 지은 궁을 보고 남긴 기록이 있다. "검소하지만 누추하지 않고, 화려하지만 사치스럽지 않다."(검이불누 화이불치, 儉而不陋 華而不侈)

검소함과 누추함, 그리고 화려함과 사치스러움의 경계. 짧은 시간에 이룰 수 있는 아름다움이 아니다. 요즘 식으로 말한다면 '시크(chic)하다'는 뜻과 통하지 않을까. '시크함'의 고전적이고 격조 높은 표현으로 들린다.

그렇게 북촌에서 바라본 처마 끝 밤하늘은 말간 달 조각과 은은한 향나무 냄새로 기억되었다.

고전적 커피를
마시는 오후

광화문에 새둥지 같은 카페가 있다. 번잡한 대로변을 지나서 꺾어지면 오래된 건물이 보인다. 아마 1980년대쯤 지어졌을까. 계단을 내려오면 촘촘하게 붙어 있는 오렌지색 타일 바닥이 이어진다. 여기서부터는 옛 아파트단지 상가 같다. 작은 가게들을 따라 걸으면 새어 나오는 불빛이 눈에 띈다. 아하, 맞게 찾아왔구나. 카페. 우리가 다 아는 카페의 불빛.

간판도 따로 없다. 언제부턴가 간판 없는 것이 힙한 가게의 싸인 같은 것이 되었다. 유리문에 새의 실루엣이 그려진 종이를 테이프로 붙여 놓은 것이 전부다. 아지트라고 하지 않고 둥지 같다고 한 것은 이 카페의 이름 때문이다. 벌새

드립커피 전문점.

오후 4시 즈음. 근처에서 미팅을 마치고 잠깐 짬이 나서 들렀다. 가방에는 읽을 책도 한 권 있다. 워낙 좁고 꽤 알려진 곳이라 웨이팅이 있을까 했는데 다행히도 한 자리가 비어 있다. 산미가 있는 드립커피를 한 잔 시키고 앉았다. 한두 명씩 앉은 손님들이 대부분이어서 말소리는 거의 들리지 않는다.

반지하 건물이다 보니 창이 머리 위로 높게 나 있다. 천정의 오렌지빛 샹들리에 너머 흐린 날의 거리가 보인다. 구석에서 턴테이블이 돌아간다. 쳇 베이커의 레코드판이 세워져 있는데 들려오는 음악은 바흐다. 벽 쪽의 책장에 빼곡히 채워진 CD들도 보인다. 이따금씩 소곤대는 말소리는 음향효과 같다. 커피 머신이 돌아가는 소리가 들렸다면 다른 분위기였을 것이다. 이 카페만의 독특한 느낌은 조용히 내리는 드립커피에서 시작된다. 모든 것들이 아날로그 방식으로 돌아간다. 손님마다 테이블마다 각기 다른 찻잔이 놓여 있다. 뜨거우니 조심하세요. 주인장이 한마디한다. 머그잔이 아닌 받침이 있는 고전적인 커피잔을 들어 본다.

한 사람의 산책이 계속 머릿속에 머물고 있다. 그의 산책은 이런 방식이었다.

> 금세기 초에 어떤 사람이 날씨가 어떻든 즉 눈이 오든 태양
> 이 비추든 하루도 빼놓지 않고 빈 시의 성벽을 돌아다니는
> 것을 볼 수 있었다. … 그는 명교향곡을 종이에 옮겨 적기 전
> 에 산책하면서 악상을 반복하는 중이었다. 그에게 세상이라
> 는 것은 존재하지 않았다. 그를 만나면 사람들은 존경의 인
> 사를 건넸지만 괜한 짓이었다. 그는 아무것도 보고 있지 않
> 았던 것이다. 마음이 딴 데 가 있었던 것이다.
> — 피에르 라루스, 『대백과사전』

산책을 하며 악상을 반복하던 그에게는 다른 것들은 보이
지 않았다. 존경의 인사도 소용이 없었다. 그의 마음은 오직
한 가지로 향했기 때문이다.

오늘 가방에 클래식 음악에 대한 책을 넣어 두었는데, 우
연이었을까. 카페의 음악 속에서 책장을 펼친다. 아인슈타
인의 사촌으로 알려진 음악학자 아인슈타인의 질문이 들어
온다.

"우리는 과거의 위대한 사람들의 인간성과 그들의 진실한
모습에 대해 무엇을 알고 있을까?"

알다시피 위인들의 생애는 신화화된다. 또 유명한 만큼 시기하는 사람들도 많을 테니 왜곡되기도 쉽다. 풍문처럼 떠돌다가 말에 말이 더해지기도 한다. 살아생전에 이미 유명했던 베토벤은 과연 어땠을까. 남들 보기에 한 가지에 골몰했기에 오해를 살 이유도 많았다. 그가 항상 다른 사람들을 배려하고 다정했다면 우리가 지금의 악보를 받아 볼 수 있었을까.

그 시대에 인정받았다지만, 그렇다고 모멸을 겪지 않았다는 뜻은 아니다. 베토벤의 소나타 세 곡을 원전판으로 내면서 출판인이 1악장의 마지막 세 마디를 멋대로 추가시켰다. 깜짝 놀란다. 음악가의 원곡에 자신의 작곡을 덧붙인다고?

도대체 무슨 일인가. 아, 베토벤 같은 명성의 음악가도 이런 일을 겪었구나. 저자는 지적한다. "당시의 동업자가 위대한 천재에게 베푼 존경이란 바로 그런 정도였다." 물론 베토벤은 이 일에 분개했다. 악보를 고친 사람은 베토벤이 누군가 덧붙여도 괜찮을 만한 곡을 썼다고 본 것인가.

위인들에 대해 객관적으로 알 수 있는 자료는 가족 간에 보낸 편지일 경우가 많다고 저자는 말한다. 그러니 후세 사람들이 알게 되는 것은 경험적이라기보다는 지성을 통한 인식이 되어야 한다. "중요한 것은 지성을 통해 인식 가능한 인간이지 경험적 인간이 아니다."

산책이 온통 음악 속에 머물고 있어서 사람들의 존경스러운 인사마저 의식하지 못했던 베토벤. "그에게 세상이라는 것은 존재하지 않았다"는 문장을 다시 본다. 그는 음악 때문에 세상을 등졌던 것일까, 아니면 세상이 그를 등져서 음악에 몰두하게 된 것일까.

명성이 있다고 해서 당대 사람들이 그를 제대로 알아본 것은 아니었다. 오직 한 시인만이 그 위대성을 짐작하고 있었다고 저자는 전한다. 베토벤의 장례식에 조서를 읽은 그릴파르처라는 시인이다.

그가 세상을 멀리 했기에 세상은 그를 일컬어 적대적이라고 했고, 감정을 거부했기에 무감각하다고 말하였다. 아, 자신을 냉철하게 알고 있는 자는 도피하지 않는다! 가장 날카로운 창은 가장 쉽게 무뎌지고 휘거나 부러진다. 감정이 지나치면 감정을 이탈한다. 그는 그가 사랑하는 정서의 범위 안에서 세상에 대항할 만한 아무런 무기도 찾지 못하였기에 세상을 등졌던 것이다. 송두리째 쏟아 주고 아무것도 받지 못하자 그는 사람들을 피하게 되었다.

— 알프레드 아인슈타인, 『위대한 음악가, 그 음악성』

조금 식어진 커피를 한 모금 마신다. 베토벤의 산책은 그래서 다른 세상에 있었다. "송두리째 쏟아 주고 아무것도 받지 못하자 그는 사람들을 피하게 되었다." 그런 것이었다. 시선을 피하는 누군가를 무작정 비난할 수 있을까.

언젠가 베토벤의 운명 교향곡을 해석하기 위해서 지휘자가 되었다는 음악가의 말이 떠올랐다. 나는 가장 좋아하는 베토벤의 발트슈타인 소나타를 다시 펼쳐 연주해 본다. 완벽한 연주가 아니어도 음악가에게 존경을 보낼 수 있다.

서촌에서 만난
너에게

이 카페가 우리 동네에 있었으면 좋겠다. 살고 싶은 동네는 의외로 단순하게 다가온다. 이런 바람이 그 시작은 아닐까.

한창 서촌 붐이 일던 2010년대 중반으로 기억한다. 그곳에 '프로젝트29'라는 카페가 있었다. 통인시장을 나와서 쉴 곳을 찾다가 우연히 마주쳤다. 오래된 빨간 벽돌 건물 앞에 놓인 작은 입간판과 소박한 의자들이 카페라는 신호를 준다. 그냥 지나칠 수 없다.

창가를 향한 긴 바 자리를 지나자 벽에 붙은 여행지의 스냅사진들이 눈에 들어왔다. 책장의 타자기나 필름카메라 같은 빈티지 소품들이 눈에 띄었고, 카페 중앙에는 큰 테이블이 차지하고 있었다. 풍성한 안개꽃이 담긴 화병이 생동감을 주었다. 수북한 안개꽃 사이로 맞은편에 앉은 사람들의 얼굴은 자연스럽게 가려졌다. 카페 이름이 찍힌 투박한 머그잔에 나오는 아메리카노는 깔끔했고, 유행가가 들리는 적은 없었다. 노트북을 펼쳐서 일을 하면 집중이 잘 되어서 동네에 있으면 좋겠다는 생각을 종종 했다. 볕 좋은 날 폴더문을 활짝 열어 두면 거리와의 경계가 사라진다. 일부러 서촌을 찾아온 나들이객도 보였지만 슬리퍼를 신고 강아지와 산책 나온 주민들이 이따금씩 커피를 사러 들르곤 했다. 언젠가 책에서 보았던 '카페의 시간'이 그곳에 흐르고 있었다.

그곳에 가면 외적으로나 내적으로나 바쁘지 않을 것 같고 시간이 빨리 흐르지 않을 것만 같다. 아니 실제로 시간이 멈추는 걸 직접 경험할 수 있을 것 같다. … 일단 카페의 종업원이 무언의 허락을 해준다. 커다란 몸짓으로 신호를 보내거나 굵은 목소리로 부르지 않는 한 그들은 손님에게 다가오지 않는다. 대신, 더블 에스프레소 잔을 만지작거리며 시간을 천천히 흘려보내면서 명상의 단계로 들어가는 손님을 존중할 줄 안다. 이 세상에 이 일보다 더 중요한 일은 없다고 가정할 줄 안다. 그리고 이러한 손님이 게으르다거나 빈둥거리는 사람이라곤 단 1초도 생각하지 않는다.

— 에릭 메이젤, 『작가의 공간』

저자는 '가장 중요한 시간이 제자리를 찾는 장소'를 말하고 있다. 카페에 들어오는 손님에게는 멈춰진 시간이 주어지는 공간. 손님 하나하나에 비눗방울처럼 투명한 막이 둘러져서 자신만의 세계로 채워진다. 여러 사람들이 몰려 웅성거리는 넓은 공간이나 대로변에 자리했더라면 완성되지 못했을 시간. 아직 말해지지 못한 언어가 사람들 사이를 떠돌다가 자신의 주인을 찾아갈 것만 같다. 거대한 도로 위 차들과 인파들 사이로 흩어져 버릴 단어들이 좁은 골목으로 들어와 바람처럼 기웃대는 상상을 해본다.

어디를 가도 마주치는 좁다란 골목이 이어지는 서촌이어서 가능하지 않았을까. 낯선 듯 알던 것 같은 기류는 시인들이 살던 동네에서 쌓여 온 것일지도 모른다는 생각에 이른다. 폴 오스터가 말한 대로 브루클린에서 시적 전통을 찾는다면 우리에게는 특히 서울에서도 서촌에서 그 흔적을 발견할 수 있지 않을까.

오래전 '말해지지 못한 그 언어'는 시인 이상의 집에 머물렀다. 이상은 1933년 즈음 서촌의 누하동 골목에서 스물셋의 봄을 맞았다. 두 살 무렵 큰아버지에게 입양되어 서촌에서 살게 되었고, 유년기를 거쳐 23년간 머물렀다. 이곳의 한옥과 골목길은 그의 작품세계에 영향을 미쳤다.

기와지붕이 보이는 작은 한옥과 낮은 담장으로 이어진 골목은 건축학도에게 공간에 대한 상상력을 불어넣었고, 뒤틀린 언어와 해체된 도시적 감각으로 되살아났다. 이 시기에 그의 발걸음은 건축가에서 작가로 옮겨 가고 있었고 「오감도」와 「날개」를 집필하며 문단의 주목을 받기 시작했다. 일제강점기 경성에서 모국어와 정체성을 잃어가는 식민지 지식인으로서 그는 거리를 방황하며 도시를 써나가고 있었다.

이상의 집은 현재 전시공간으로 쓰이고 있다. 지금의 한옥은 예전에 살던 집터의 일부로 복원되었으며 'ㄷ'자 모양 구조이다. 테이블 위에 놓인 이상의 사진, 작품, 엽서, 책들을 구경하다 보면 벽에 커다란 검은색 문을 마주하게 된다. 어딘가 육중하게 다가오는 큰 문이 무언가 턱 짓누르는 듯 막혀 있다.

일제강점기를 살아가는 영민했던 청년의 세상은 그렇게 다가왔을까. 시대에 맞서 한 사람이 선택할 수 있는 것은 어

디까지일까. 하루를 시작하는 아침, 거울 앞에 서면 무엇이 보였을까.

문은 어두운 시대로 바로 통할 것처럼 으스스하면서 신비스럽다. 분명 열리도록 설계된 문일 텐데 단절을 떠올리게 된다. 이상의 시에는 거울이 흔히 등장하는데 소통에 대한 단절과 정체성 혼란의 심정들을 엿볼 수 있다.

서울속의나는참나와는반대요마는
또꽤닮았소
나는거울속의나를근심하고진찰할수없으니퍽섭섭하오.
— 이상, 「거울」

거울 앞에서 서성이는 시인을 떠올려 본다. 악수를 청해도 보고 귀를 들여다보기도 하지만 손에 닿는 것도 들리는 것도 없다. 굳게 닫힌 문처럼 막혀 있는 시대의 거대한 힘 속에 개인은 작고 하찮아진다. 언어는 먼지처럼 갈 곳을 찾아 떠돈다.

계단으로 올라가는 통로는 또 다른 세상처럼 어둠이 차지하고 있다. 맞은편 벽에 프로젝터로 영상을 쏘고 있다. 이상이 보냈던 시간들이 슬라이드 위로 찍힌다. 현재의 시간 위로 과거가 메시지를 보내고 그렇게 흔적들이 첩첩이 쌓여 간다.

좁은 계단을 따라 올라간 옥상에서는 기와지붕이 내려다보인다. 마당에는 선명한 빛이 만든 그림자가 진다. 이제 막 시작인 듯 공간이 계속되었으면 했지만 여기까지다. 햇빛 사이로 인사말이 떠돌고 있다.

"안녕, 나는 아직 말해지지 못한 언어야."

서촌의 골목길은 그렇게 쓰인다. 나머지는 오늘을 살아가는 사람들의 몫이다.

시인의 여관

"터미널 근처 여관에 방을 하나 얻었다."

신문에서 본 시인의 글은 그렇게 시작되었다. 호텔이나 게스트하우스였다면 그런가 보다 했을 것이다. 그런데 여관? 요즘에도 여관을 찾는 사람이 있나. 그 옛날 여관에 대한 향수가 있는 세대였다면 그럴 수도 있다. 하지만 요즘 시인인 그가 여관을 찾는다니 호기심이 생긴다.

박준 시인은 겨울을 겨울답게 보내겠다는 다짐으로 태백을 찾았다고 썼다. 마음대로 되는 일이 없어서 여행이라기보다는 도피나 유배에 어울리는 곳을 선택했고 그래서 그곳은 여관이어야 했다. 눈보라가 몰아칠 것 같은 산속 깊숙한 외딴 동네에 이제 막 터덜터덜 도착한 한 청년이 그려진다. 사흘 정도 머물 요량으로 나그네처럼 여관비를 흥정하고,

낡은 건물 한구석 허름한 방을 하나 잡았다. 옛 잡지나 서적이 아니라면 좀처럼 여관 이야기를 보기 쉽지 않은 요즘에 그의 방랑기가 신선하게 다가왔다.

시인의 호텔 이야기를 좋아한다. 뉴욕에 있는 앨곤퀸 호텔(The Algonquin Hotel)에는 '시인의 방'이 있다. 1920년대 미국의 시인 도로시 파커가 그곳에서 글을 쓰고 사람을 모아 평론을 즐겼다. '앨곤퀸 라운드테이블'에 모인 그들은 밤마다 호텔의 창에 불을 밝혔다. 헤밍웨이, 피츠제럴드와도 친분이 있던 도로시 파커는 영화 〈스타탄생〉에 참여하여 아카데미 각본상까지 탔던 화려한 스타 시인이었다. 지금도 그 '시인의 방'에는 사람들이 줄을 잇는다고 들었다.

우리에게도 시인의 여관이 있다. 영추문을 따라 이어지는 돌담길을 걷다 보면 오래된 소박한 여관 하나를 마주치게 된다. 지금은 카페와 북스테이가 된 서촌의 '보안여관'은 1930년대 시인들의 활동무대였다. 서정주가 주도하여 김동리, 김달진 등 거장들이 동인지 '시인 부락'(詩人部落)을 창간하였고 이중섭, 구본웅과 같은 화가들도 작업을 하며 드나들었던 아지트였다.

산책길에 둘러본 보안여관은 좁다란 계단과 복도와 작은 방으로 이어진 구조가 인상적이었다. 작은 창이 나 있는 삐걱거리는 나무문과 문지방, 정사각형 꼴 작은 타일 조각들과 벗겨진 콘크리트 벽을 서성이다 보면 추가 묵직한 괘종시계 소리라도 들려올 듯하다. 그들은 입구에 보이는 작은 창구에서 숙박계를 쓰며 계단을 올라 글을 쓰고 작품을 말하고 몸을 뉘었을 것이다.

1942년부터 2005년까지 60년 동안 수많은 나그네들이 보안여관을 스쳐 갔다. 시간의 층위로 이 거리의 주인이 바뀌어 간다. 이제는 카페에서 돌담을 바라보며 아침을 즐기는 사람들로 북적인다.

멀리 태백까지 찾아간 시인은 그곳에서 원하는 것을 찾았을까.

이튿날에는 여관 주인에게서 안 쓰는 밥상을 하나 얻어와 책상으로 삼았다. 그렇다고 해서 안 써지던 시가 잘 될 리는 없었다. 결국 나는 태백에서 머무는 사흘 동안 한 편의 시 아니 한 줄의 문장도 쓰지 못하고 서울로 돌아와야 했다. 몇 번 슈퍼에 간 것을 제외하고는 여관 밖을 벗어나지도 않았다.

시를 써보겠다고 한겨울의 산속을 찾아 여관방의 불을 밝힌 시인의 시간을 떠올려 본다. 종종 작정하고 무언가를 해보려 해도 이루지 못할 때가 있다. 글쓰기도 그렇다. 어디에 가서 꼭 완성하고 와야지 다짐을 하지만 의지만으로 되는 일이 아니라는 사실만 확인하게 된다.

한 줄도 쓰지 못해서 아무것도 얻은 것이 없었을까. 헛된 시간 낭비였을까.

시인은 시 쓰기가 울음 같다고 했다. "울고 싶다고 해서 억지로 울 수 있는 것도 아니고 그만 울고 싶다고 해서 그칠 수도 없는 울음."

시 쓰기뿐 아니라, 우리 가는 길의 많은 부분이 그렇다는 생각을 했다. 무언가를 찾고 기다리지만 억지로 되는 것은 없다. 그렇다고 시도하지 않을 수도 없다. 벅차고 고된 순간들을 지난다고 반드시 좋은 결과를 얻는 것도 아니다. 비바람의 무수한 잔해들을 헤치고 나와 멍해진 상태로 옷에 묻은 먼지를 툭툭 털어낼 즈음 발밑에서 반짝이는 작은 결정체를 발견한다. 그것들을 들어 올려 가만히 바라본다.

울음만 계속되는 날들은 없다. 모든 것은 지나간다. 영원한 것은 없다는 사실이 때로 위로가 된다. 박준 시인은 이듬해 여름 다시 태백을 찾았고 그때 겨울에 쓰지 못했던 시를 연달아 썼다고 했다. 지금 당장 손에 쥐어지는 것이 없다 해도 다음 계절이 반드시 있다는 것을 기억해야 한다.

그때 우리는
자정이 지나서야
좁은 마당을
별들에게 비켜주었다.
새벽의 하늘에는
다음 계절의
별들이 지나간다.
별 밝은 날
너에게 건네던 말보다
별이 지는 날
나에게 빌어야 하는 말들이
더 오래 빛난다.
— 박준, 「지금은 우리가」

눈 오는 날의
종묘

정물화 사이 보이는 해골과 모래시계. 17세기 네덜란드에서 보이던 바니타스 미술은 일상적 사물 사이 죽음을 기억하라는 메시지를 담았다. 풍성한 과일들, 동전, 꽃, 월계관, 포도주 병들이 세속적 영광으로 빛난다. 두개골과 모래시계도 있다. 한참을 바라본다. 죽음과 시간. 아무리 좋은 것들도 영원할 수는 없다는 사실을 마주한다. 그 정물들은 '메멘토 모리'(Memeno mori), 즉 죽음을 기억하라고 선언하고 있다.

결국 죽음이 눈앞에 닥친 일에서 중요한 것들로 시선을 돌리게 해준다. 우리 자신의 소멸을 생각하다 보면 삶의 본질로 향하게 된다. 유한하기 때문에 먼저 해야 하는 것들이 있다.

눈 오는 날 서울에 가볼 만한 곳이 있다. 어느 건축가가 한국에 올 때면 꼭 찾는다는 그곳. 한 번 본 것으로 모자라 일부러 비행기를 타고, 가족들도 데려온다. 서울의 이름난 궁도 아니고, 외국인들이 즐겨 찾는 관광지도 아니었다. 그 앞을 지나친다 해도 눈길 한 번 주었을까. 주목받을 만할 것이 없어서 몇 번이고 스쳐 갔을 것이다.

누군가는 바다 건너 찾아오는 풍경이 서울 한복판에 잠들어 있다. 한 발짝 들어 문으로 들어가 본다. 멀어져 가는 소음을 뒤로 하고 눈 쌓인 마당에 푹푹 발자국을 내며 걷다가, 멈춘다. 눈 덮인 지붕이 수평으로 이어진 세계가 깊은 잠에 빠져 있다. 바로, 종묘다.

유홍준 교수가 전하는 한 건축가의 찬사는 종묘를 다시 보게 했다.

"이런 곳이 세상이 있다니 믿을 수가 없다."

건축가 프랑크 게리가 종묘 정전 앞 박석 마당에서 한참의 침묵 끝에 내뱉은 한마디이다. 게리의 건축 스타일은 복잡함과 파격으로 요약된다. 대표작 LA 월트디즈니 콘서트홀, 스페인의 빌바오 구겐하임 미술관, 체코 프라하의 댄싱 하우스 등 화려한 외관만 보아도 쉽게 짐작할 수 있다. 평생 자유로운 건축을 추구해 온 거장이 종묘에서 비움과 절제의 아름다움을 보았다. 단순함 속에 깃든 영성을 보았다. 게리는 종묘를 아테네의 파르테논 신전에 비견하는 경이로운 공간으로 꼽았다. "이토록 단순하면서도 강력한 공간감을 주는 건물은 처음 본다. 이것은 건축이 아니라 정신이다."

종묘는 조선시대 왕과 왕비들의 신주(돌아가신 분의 이름을 적은 나무패)를 모신 왕가의 사당이다. 유교를 통치 이념으로 삼았던 조선은 조상의 신주를 모시는 것을 으뜸으로 여겼다. 1394년 이성계가 수도를 한양으로 옮기고 짓기 시작해서 왕위가 계승되면서 점점 옆으로 확장되었다. 임진왜란 등 전쟁에 불에 타기도 하고 수난을 겪어 왔지만 복구하면서 오늘날의 모습으로 남았다.

한 폭의 동양화가 눈앞에 펼쳐진다. 종묘 정전의 앞마당 '월대'(月臺)에 도착했다. 건축적으로는 궁궐의 주요 전각 앞에 놓인 기단을 뜻하지만, 이 '월대'라는 이름은 한밤중 달빛이 이 공간에 쏟아지는 풍경을 떠올리게 한다. 이렇게 달을 마주하는 무대를 거닐 때는 천천히 걷는 것이 어울린다. 울퉁불퉁한 돌길, 박석(薄石)은 그 걸음을 돕는다. 조선의 장인들은 돌의 질감으로 빛을 다스렸다. 일부러 돌을 거칠게 다듬어 빛은 사방으로 흩어지고, 옛사람들의 가죽신이 미끄러지지 않도록 했다. 비가 오면 돌 사이로 자연스럽게 물이 빠진다. 울퉁불퉁 오목한 틈마다 빗물이 고여 수천 개의 작은 거울이 된다. 담백한 무채색의 마른 박석은 깊고 진한 먹색으로 변하여 찰랑거리며 나지막한 노래를 부른다. 고개를 숙이고 발밑을 조심하며 천천히 걷는 태도를 이끌어 준다. 인간의 태도와 예법을 디자인한 건축이다.

카메라의 프레임에 다 담기지 않을 정도의 수평의 세계가 눈앞에 있었다. 점점 더 높이 위로 솟아 가는 현대의 빌딩들 사이에서 이렇게 단아하게 한 층으로 정렬된 건축물을 본다는 것이 이질적으로 다가왔다. 타임슬립이라도 한 것처럼. 역사가 지나온 자취를 이렇게 요란하지 않게 드러낼 수 있는가.

600년을 이어 온 정적의 건물이 드디어 다가온다. 끝도 없이 이어진 지붕을 받들고 있는 수직의 붉은 기둥들. 또 다른 차원으로 들어온 듯 고요가 내려앉는다. 종묘는 과거와 현재를 잇는 시간의 통로이자 영원한 시간을 보관하는 장소다.

눈이 휘둥그레지는 감탄이 아니었다. 오히려 그 반대로 조용히 입을 다물게 되는 어떤 엄숙함이 있었다. 이 세상과 죽음과의 대화. 건물 전체가 눈을 감고 있는 표정 같다고 할까. 극도로 절제하면서도 꼭 해야 할 말을 지키고 있는 듯한 기운. 위엄은 현란한 꾸밈에서 오는 것은 아니었다.

무엇이 이토록 감동을 주는가 하는 질문에 대한 건축가의 답은 이렇다. 건축으로 이렇게 고요한 공간을 만든 것은 기적에 가깝다. 게다가 종묘 제례는 음악, 무용, 건축 등 종합적 예술이 어우러진 의식이다. 문화혁명으로 종묘제례를 잃은 중국은 우리의 종묘제례를 배워 갔다.

매일 바쁘게 돌아가는 도심의 일상 한가운데 죽음을 돌아보는 건축물이 있다. 우리의 역사에도.

흔한 묘지의 모습을 하지 않고 엄숙하고 품격 있게 자리를 지켜오고 있었다. 아무도 관심을 갖지 않아도 유구한 세월 속에서 그저 매일매일 다채롭게 변해 가는 서울을 바라보고 있는 것이다. 그 공간에서 무심코 지나쳤던 죽음을 바라본다. 자연스럽게 스스로의 소멸을 생각하게 되는 것이다.

PART 3

비상업적 여행자들

"도시는 미로에 대한
인류의 오랜 꿈의 현실이다."

— 발터 벤야민

오래 머물기에는
너무 빛나는

"미국에서 브루클린처럼 위대한 시적 전통을 가진 곳은 정말 드물 겁니다." 폴 오스터가 이야기한 시적 전통에 대해 생각해 본다. 브루클린이 예술가들의 동네가 되기까지 폴 오스터의 영향이 컸다.

1980년대의 브루클린은 거칠고 위험한 공업지대였다. 범죄, 낙후, 가난의 상징이었다. 그 가난하던 동네의 타자기를 두드리는 손끝에서 인물들이 살아났다. 밝은 갈색 벽돌집이 들어선 구석진 거리에서 문학적 고독을 발굴했다. 그 황량한 풍경 속으로 걸어 들어가 그 동네 사람들의 숨결과 발걸음을 찾아냈다. 화려한 맨해튼의 자본주의적 물결에서 벗어난 공간에서 '쓰는 행위'에 몰두했다. 1980년대 중반 『뉴욕 3부작』이 발표되었고, 세계로 퍼져 나간 소설의 페이지 너머로 독자들은 이제 브루클린을 작가의 동네로 믿게 되었다.

그의 말을 다시 떠올린 것은 한강 작가가 서촌에 산다는 소식을 들었을 때였다. '시적 전통'을 우리 식으로 적용해 본다면 쉽게 떠오르는 동네 중 하나는 서촌이 아닐까. 시인 이상이 어린 시절을 보냈고 윤동주의 하숙집이 있던 동네. 한글을 창제한 세종대왕이 태어난 곳이기도 하니 시적 전통을 넘어 문자적 전통까지 잠재되어 있는 어마어마한 장소일 수 있다. 서촌뿐 아니라 전국 곳곳에 시적 전통을 품은 동네들이 잠자고 있을 것이다. 폴 오스터는 시인과 장소에 대해서 이렇게 적었다.

모든 시인이 하나의 장소, 하나의 언어, 하나의 문화에 속합니다. 하지만 시인의 임무가 새로운 눈으로 세계를 보고 모두가 그냥 스쳐 지나가는 것들을 재음미하고 재발견하는 것이라면, 시인의 '장소'는 나머지 사람들에겐 낯선 곳처럼 보이는 게 이치에 맞습니다.
— 폴 오스터, 『낯선 사람에게 말 걸기』

시인의 시선으로 장소가 새롭게 발견된다. 그 일들이 벌어진다. '자세히 보아야 예쁘고 오래 보아야 사랑스럽다'던 시인의 시선이 잠들어 있던 세계를 깨운다. 그렇게 우리는 시인의 동네를 바라본다. 장소와 사물들 그리고 사람. 오랜 세월 지나쳐 왔던 시인도 있었다.

1982년 폴 오스터는 어느 대학교에서 잊혀져 가는 한 작가에 대해 연설했다. 지독한 클리셰 같은 비극에 가려져 미처 보지 못했던 한 천재 작가의 삶을 다시 펼친다.

의식이 혼미한 상태로 길거리에서 발견되어 고통스럽게 죽어 간 그는 제대로 된 묘지에 유골이 안치되기까지도 26년이나 걸렸다. 우여곡절 끝에 볼티모어에 그의 묘비를 세우던 날, 수많은 시인을 초청했으나 대다수가 거절했고 오직 한 명의 시인만이 자리를 지켰다. 그가 남긴 문학적 유산에 비하면 너무 초라한 결말이었다.

어떤 위대한 작품은 작가가 평생을 발로 다져 온 길 위에서만 피어난다. 그의 삶과 문장이 결국 이어져 있음을 깨닫는 순간은 경이롭다. 어린 시절부터 일찍 부모를 여의고, 입양되어서도 양아버지의 지원을 제대로 받지 못했던 에드거 앨런 포는 편집 일을 구해 겨우 생계를 이어 갔지만 우울증, 술과 도박, 정신착란으로 인해 평안할 날이 없었다. 빛나는 재능에도 불구하고 그토록 철저하게 외면을 받고 고통받았다는 현실이 아프게 다가온다.

에드거 앨런 포에게 도시는 친절하지 못했다. 보통의 사람들이 느끼는 작은 위안도 그에게는 쉽지 않았다. 포의 소설에서 드러나는 공포스럽고 위협적인 묘사들은 그가 느낀 도시가 투영되었다. 볼티모어, 뉴욕, 필라델피아, 리치먼드를 돌아다니며 정착할 곳을 찾았지만 반복적인 실직, 배척, 비난만 돌아왔을 뿐이다. 작품에서 종종 그 도시에서 느꼈던 소외감이 드러난다. 『어셔가의 몰락』의 섬뜩한 장면이 그토록 생생한 것은 작가가 그 장소를 살았기 때문일 것이다.

어째서 그랬는지는 모르지만, 그 건물을 처음 보았을 때 견딜 수 없이 우울한 기분이 나의 마음속에 스며들었다. 나는 방금 견딜 수 없다는 표현을 사용했는데, 그 이유는, 황량한 것이라든가 무서운 것들이 자연 속에서 보이는 냉연한 모습에 접했을 때, 사람의 마음은 대개 무엇인가 시적인, 그리고 거의 쾌적한 정서를 느끼게 마련인 것이나, 지금의 경우 나의 우울한 감정은 그러한 정서에 의해서 조금도 누그러지지 않았기 때문이다. 나는 눈앞에 펼쳐진 광경-아무런 특이한 점도 없는 그 저택, 집 안의 평범한 풍물, 쓸쓸한 기분이 감도는 벽, 공허한 눈을 연상케 하는 창들, 몇 개의 무성한 사초, 몇 그루의 늙고 썩은 나무들의 버석버석한 둥치들을 아주 을씨년스러운 기분으로 바라보았다.

— 에드거 앨런 포, 『어셔가의 몰락』

사람들에게는 그다지 특이할 것이 없던 대상들도 포에게는 우울함으로 비춰졌다. 작가를 따라서 독자도 그 공허와 쓸쓸함으로 뒤덮인 장소들을 탐색해 본다.

왜 그랬을까? 그 도시들은 그 시대는 왜 그렇게 포를 떠밀었을까. 포는 왜 발붙일 곳을 찾지 못하고 음울한 풍경을 내면화하게 되었는가.

폴 오스터에 따르면 포는 문학 역사가들이 초기 미국 문학에 적용했던 분류의 틀에 맞지 않았다. 쉽게 말해서 미국적 취향에 알맞도록 낙천적이지 못했던 것이다. 당대의 엘리트들이 추구하고 인정하던 문학에 부합하지 못했다. 어쩌면 그 시절 독자들은 유쾌함이나 교훈을 주지 못하는 우울한 묘사에서 책장을 덮어 버렸을 것이다. 우리 모두에게 조금씩 잠재되어 있는 의무적인 '긍정'을 거스르지 않고 싶은 심리도 작용했을 것이다.

오늘날의 흥행의 법칙도 크게 다르지 않다. 다만, 19세기 청교도주의 정서가 지배적이던 시대와 비교할 만한 것은 못

된다. 다양한 플랫폼을 통해 자신만의 독자를 만날 수 있는 창구가 더 넓어진 요즘이었다면 소수라 하더라도 열성팬들을 확보할 수는 있지 않았을까 상상해 본다. 요즘이라면 얼마든지 고딕 감성을 선보이는 힙한 소설가로서 독보적인 자리를 차지하지 않았을까.

주류 엘리트들의 외면으로 살롱 전시가 무산되자, 이에 저항하며 작은 스튜디오로 모여들었던 19세기 인상파 화가들처럼, 혹은 벨에포크 시대 파리의 살롱 작가들 사이에 있었더라면 다른 길을 가지 않았을까.

혼자서 찾아가는 여정은 고독하고 거칠었다. 끝내 자신의 자리를 찾지 못한 채 암울한 최후를 맞아야 했다. '최초의 추리소설가'라는 타이틀이 주어지기까지 그 대가는 혹독했다.

포의 묘비가 세워졌을 때 유일하게 참석했던 시인 월트 휘트먼의 고백은 이를 대변해 준다. 책장을 펼치거나 계속 넘기기를 꺼렸던 그 이유. 하지만 뒤집어 보면 그것이야말로 포가 지닌 작품성의 진수였다.

오랫동안, 사실 최근까지도 포의 작품을 싫어했습니다. 나는 과거에도 그랬고 지금도 역시 시에서 맑은 햇살이 비치고 신선한 바람이 불기를 바랍니다. 힘과 건강이 넘치며 거친 폭풍우 같은 열정 속에서도 광란에 빠지지 않기를, 늘 영원한 도덕성을 배경으로 하기를 바랍니다. 포의 작품은 앞선 요건들에 부합하지 않지만 천재성 덕분에 특별한 인정을 받았으며, 나 또한 그러한 특성을 받아들이고 그의 진가를 이해하게 되었습니다.

모두의 감탄을 이끌어 내는 꽃밭이 아니어도, 시들어 가는 들꽃에서도 향은 피어난다. 인기를 얻지 못했다고 해서 본질이 흐려지는 것은 아니다. 은발의 노인이 된 휘트먼은 포의 고향인 볼티모어를 일부러 찾아 준비한 연설 대신 포를 추모를 하는 것으로 시간을 쓴다. 그렇게 시들어 가는 꽃의 향기를 다시 살려 낸다. 너무 눈부신 태양 빛에 눈을 감아 버리게 되듯 오래 머물기엔 지나치게 빛나는 재능이 있다.

빨간 장미와
코냑의 나날들

오랜 세월 잠잠하던 묘지에 검은 그림자가 어른거렸다. 1949년부터 해마다 1월 19일, 에드가 앨런 포의 생일 묘지에는 장미 세 송이와 코냑 한 병이 올려졌다. 검은 옷, 하얀 스카프를 두른 마스크맨은 자정에서 새벽 6시까지 머물렀고 2009년까지 매년 잊지 않고 60년 동안 포의 묘비를 찾았다. 정체불명의 생일 축배객 '포 토스터'(Poe Toaster)의 방문은 하나의 의식이 되었고 특유의 블랙 의상은 '포 토스터'의 유니폼인 셈이었다. 포는 영원히 잠들었지만 그의 소설처럼 미스터리한 세계는 이어지고 있었다. 포는 살아생전 늘 삶의 그늘 속에 허덕였지만, 죽음 이후 유례없는 열렬한 추모자들의 방문을 받았다.

외국인의 찬사는 후대의 평가로 이어지는 경우가 많다. 자국의 독자들이 놓치던 것을 알아보는 사람들을 만나면 보편성을 획득하는 계기가 된다. 때때로 누구나 다른 나라에서의 삶을 떠올린다. 자신이 살던 도시를 떠나 낯선 나라에서 눈을 뜨는 일을 상상한다. 포의 관심사는 프랑스로 향한다.

"마침내 너는 이 오래된 세계가 지겹다"는 아폴리네르의 시 「지대」의 첫 구절처럼 미국을 떠나 '파리'라는 낯선 장소에 도착한다. "시인이 영감을 얻기 위해 다른 나라 시인에게 시선을 돌린다는 건 자국의 언어나 문학 안에서 얻기 힘든 무언가를 찾고 있으며 자신이 속한 문화의 속박에서 벗어나고 싶다는 의미입니다." 폴 오스터는 포의 작품 배경이 프랑스로 옮겨 간 이유를 이렇게 바라보았다. 포가 자신의 문학에서 찾고 있던 것들이 어쩌면 반대편에서 포를 당기고 있었을지도 모른다. 이를 향한 탐색과 긴장감은 새로운 독자를 만나는 길을 열어 주었다. 세상을 향해 띄운 망망대해 속의 편지를 누군가 집어 들었다.

누군가의 글을 읽고 보낼 수 있는 최대의 찬사는 아마도 이런 얘기일 것이다. "내가 쓰고 싶었던 글이 바로 이런 거였어!"

이 고백을 포에게 보낸 프랑스의 시인은 바로 보들레르였다. 그런 의미에서 그는 바로 포의 작품들을 프랑스어로 번역하였다. 1847년 보들레르는 포의 작품을 보고 느낀 전율을 전하며 덧붙였다.

나는 오랫동안 생각은 해왔지만 어떻게 써야 할지 모호하고 혼란스러워서 전혀 갈피를 잡을 수 없었던 시와 소설들을 드디어 포에게 발견했다. 그는 그것들을 완벽하게 다루고 있었다. … 처음 그의 책을 펼치는 순간, 너무도 놀랍고 기쁘게도 그동안 내가 꿈꾸어 왔던 주제는 물론이고 오랫동안 계속 생각해 왔던 문장들이 눈앞에 나타났다. 그것들은 이미 20년 전에 포가 쓴 것이었다.

보들레르는 포를 '자연보다도 본성상 귀족적인 사람'으로 보았으며, 작품에 담긴 고귀한 정신과 예술적 독립성을 강조했다. 포의 책 서문은 이렇게 쓰였다. "꿈을 유일한 현실로 믿는 이들에게 이 책을 바친다."

포는 1850년대에서 1860년대까지 보들레르의 번역으로 프랑스에 소개되며 당대의 탐미주의적 작가들과 교감할 수 있었다.

샤를 보들레르는 에세이에서 포의 운명은 야만적인 사람들 사이에서 살아갈 수밖에 없는 재능 있는 사람의 운명의 전형이라고 말했다. … 재능이 뛰어나지만 불운한 사람들은 평범한 영혼들의 무리 속에서 천재의 가혹한 수련기를 겪어야 할 운명이다.

– 알랭 드 보통, 『불안』

알랭 드 보통은 포를 보헤미안의 고귀한 실패담의 하나로 편입되었다고 썼다. 추리소설에 등장하는 사립탐정 뒤팽은 포가 추구하던 이성적 예술적 자아의 또 다른 얼굴, 페르소나로 볼 수 있다.

뒤팽은 투철한 직업정신의 소유자가 아니었다. 사회정의 구현 같은 구호와 어울리는 인물은 더더욱 아니었다. 게으른 사색으로 이루어 낸 분석력으로 그저 취미처럼 사건의 실마리를 풀어 가는 것을 즐긴다. 뒤팽에게 추리는 일이 아니라 지적인 유희의 과정이었던 것이다. 대표작 『모르그가의 살인』에서 소설 속의 '나'가 뒤팽을 만나 친구가 되는 과

정은 단숨에 소설의 정조를 드러내며 매혹적으로 다가온다.

소설 속의 '나'는 몽마르트르의 작은 도서관에서 똑같은 희귀본을 찾고 있던 뒤팽을 우연히 만나게 된다. 동네의 작은 도서관에서 똑같은 희귀본을 찾고 있을 확률은 얼마나 될까. 로또 당첨과 같은 행운의 시간이 올 때, 우리는 스쳐 가는 행인인가, 알아차리고 붙드는 주인공인가. 그들은 후자였다. 그리고 그들이 가까워지는 과정은 증명할 필요가 없다. 그저 자연스럽게 따라오는 것이다. 소설의 화자는 뒤팽과 쉽게 친구가 된 이유에 대해서 이렇게 말한다.

프랑스인들은 자신에 대한 이야기를 할 때면 아주 솔직해지는데, 그런 솔직함으로 그가 해준 그의 일가에 대한 이야기에 나는 깊은 흥미를 느꼈다. 그리고 그의 넓은 독서범위에 감탄했고, 특히 상상력의 분방한 열기, 자극적인 신선함에는 내 몸에도 불이 붙는 것 같은 느낌을 받았다.
— 에드거 앨런 포, 『모르그가의 살인사건』

낯선 프랑스인 뒤팽의 이야기는 미국인 '나'를 몰입으로 이끌었고, 자유로운 상상력은 신선하고 열정적으로 다가왔다. 그것으로 충분했다. 이렇게 되면 다른 것들은 모두 사소해진다. 뒤팽은 명문가 출신이었지만 계속되는 몰락과 불운으로 출세하겠다는 의욕을 완전히 잃은 인물이다. 얼마 되지 않은 유산은 책에 몰입하는 것으로 써버린다. 뒤팽에게 친구란 세속적이거나 사교적 관심, 지성, 직관, 자유로운 사고체계의 탐험을 함께 할 동반자를 뜻하는 것이었다.

형식이 내용을 지배한다는 말처럼 그들은 지적 사색을 공유할 수 있는 '공간'이라는 독특한 형식을 찾아낸다. 두 사람은 생 제르맹 부근에서 함께 살기로 정하고 무너질 듯한 집을 구하여 서로의 취향에 맞게 몽환적이고 우울한 분위기로 가구를 장만하고 이 사실을 비밀로 한다. 세상과 완전히 단절된 둘만의 세계에서 사는 것이다. 누구나 가보고 싶어 하는 장소는 아니겠지만, 어떤 이들이게는 특별해지는 공간. 보이는 것들이 다 주지 못하는 틈으로 두 사람의 이야기와 생각이 생명을 불어넣는다. 특히 그들이 밤이 되면 몽상을 즐기는 장면이 인상적이다.

어둠이 희미하게 밝아오기 시작하면 우리는 이 낡은 건물의 무거운 덧문을 전부 내리고 촛불을 두 개 밝혔다. 초는 강한 향기와 아름답고 은은한 빛을 발하는 것을 주로 썼다. 이런 과정을 마친 다음 우리는 영혼을 몽환의 경계에서 놀게 했다.-읽고, 쓰고, 이야기를 했는데 그러는 동안에 어느덧 시계의 종소리가 진짜 밤이 찾아왔음을 알려 주곤 했다. 그러면 우리는 팔짱을 끼고 서둘러 거리로 뛰어나가 낮에 했던 이야기를 계속하거나, 날이 샐 때까지 멀리 넓은 지역을 돌아다니거나, 이 대 도회지의 아름다운 빛과 어둠이 교차하는 부근에서 조용한 관찰만이 가져다줄 수 있는 무한한 마음의 고양을 추구하곤 했다.

— 에드거 앨런 포, 『모르그가의 살인사건』

세상이 추구하라고 등 떠미는 멋지고 황홀한 성공은 아니어도 낡은 집에서의 몽상과 새벽녘까지의 산책 사이 번지는 미명은 그들에게 깊이 스며들었다. 누가 알아주지 않아도 상관없는 고양감으로도 충분했다.

더 읽어 보면 알게 되지만 소설 속의 '나'도 뒤팽을 온통 멋진 인물로만 묘사하고 있지는 않다. '나'는 이 프랑스인-뒤팽을 고양된 지성이라기보다는 차라리 병든 지성으로 보았다. 그렇게 불어넣은 입체성과 미스터리가 뒤팽을 더욱 잊히지 않는 인물로 남게 했다. 포는 현실에서 가난과 외로움으로 고달팠지만, 소설에서 그는 뒤팽으로 살면서 이상적 자아에 도달할 수 있었다. 그렇다고 해서 마냥 감상을 쫓은

192

것은 아니었다. 오히려 그는 문학을 감성의 향연으로 흐르게 두지 않고 구조적이고 이성적인 체계로 완성해 나갔다. 뒤팽에게 추리는 논리의 세계로 분석한 하나의 예술작품 같은 것이었다. 현실에 맞서 문학 안에서 자신을 복원하려는 포의 갈망이었다. 버지니아 울프의 댈러워이 부인, 무라카미 하루키에게 와타나베, 조지 오웰의 윈스턴 스미스처럼 작가가 도달하고 싶었던 자아를 창조했다. 작품은 작가의 인생이 아니라, 그가 살았어야 하는 인생인 것은 아닐까.

이 과정 속에서 포는 도시를 단순한 문명의 공간이라기보다는 인간의 내면적 혼란과 외부 세계의 위협이 교차하는 공간으로 담아냈다. 뒤팽과 '나'는 파리의 중심부가 아니라 주변의 낡은 집에서 촛불을 켜두고 생각의 불꽃을 기다린다. 도시인들의 활동이 멈춘 시간, 단절된 세계 속에서 그들의 말 없는 대화는 이어지고 어스름한 빛 사이로 스스로의 미래를 지어 가는 것이다.

낡은 도서관, 먼지 낀 책, 낡은 빈집, 촛불, 어둠의 시간, 향기. 이 물질들로 이루어진 세계 속에서 뒤팽과 나는 지적 탐험을 함께 떠났다.

어디에서나 있을 수 없는 일은 아니겠지만 이 방식에 가장 맞는 도시는 파리였다. 예측 불가능한 만남과 지적 교류가 활발한 공간이 있고 그 안에서 연결이 일어나는 가능성이 큰 우연의 도시 말이다.

포가 물리적으로 파리에 도착한 것은 아니었지만 그는 프랑스인의 생활을 묘사하면서 작품으로 교류의 영역을 넓혔다. 수많은 작가들이 예술적 고향을 찾아 파리로 떠났을 때 포는 작품의 배경을 파리로 삼으면서 자신만의 보헤미아를 창조했다.

포가 죽은 뒤 오랫동안 나쁜 평판이 따라다녔다. 그럼에도 그 개인적 결함들이 문학적 위상에는 거의 영향을 끼치지 못했다는 사실은 기억할 만하다. 그가 세상을 떠난 지 10년이 넘은 1860년 무렵이 되자 포는 미국 대중들에게 지지를 받는 작가가 되었다. 애초에 포의 작품 세계를 받아들이지 못했던 미국인들의 낙천적 취향에 무슨 일이 벌어진 것일까. 무슨 변화가 있었던 것인가.

13번 기숙사
아지트에서

자신의 독창성 때문에 고통받는다는 생각을 하기는 쉽지 않다. 눈에 띄는 독창적인 재능은 대개 부러움을 사며 성공으로 이어지는 스토리에 익숙해서인지도 모른다.

에드거 앨런 포를 새롭게 바라본 사람은 20세기 미국의 위대한 시인 윌리엄 카를로스 윌리엄스였다. 짐 자무시의 영화 〈패터슨〉에서 시를 쓰는 버스 드라이버가 존경하던 바로 그 시인이다. 윌리엄스는 이렇게 썼다.

그리하여 포는 자신의 독창성 때문에 고통받아야 했다. 새로운 무언가를 창조해 내면 설령 그것을 당신네 마당에 자란 소나무로 만들었대도 당신이 무엇을 이뤘는지 아는 사람이 없다. '이름'이 없기 때문이다. 포가 인정받지 못한 이유이다.

어쩌면 그것은 모든 창작자의 딜레마일 수 있다. 흔히 재능이 부족하다는 이유로 더 나아가기를 망설이지만 실은 용기의 문제이다. 온전히 독창적인 작품을 세상에 내놓았을 때 실패한다 해도 감당할 용기가 있는가. 이 질문에 답할 수 있는 사람이 그 작품의 주인이 된다. 포는 재능이 없어서 고통받은 것이 아니었다. 윌리엄스의 지적처럼 자신만의 독창성으로 인해 고통받았다. 영혼이 밑바닥까지 닿았다는 표현이 아깝지 않을 정도였다.

종종 어떤 문학적 장르가 한 작가에 의해 개척되었다고 얘기들 하는데, 바로 에드거 앨런 포가 그런 작가였다. 포는 추리소설을 개척한 작가였다. 사실 볼테르부터 13세기 중국 문학에 이르기까지 모든 것들이 앞선 세대의 영향을 받기 마련이지만, 파리에 사는 두 모녀의 불가사의하고 끔찍한 피살 사건을 다룬 『모르그가의 살인 사건』은 믿기 어려울 정도로 현대 추리소설의 특징을 거의 완벽하게 구현하고 있다.
— 폴 콜린스, 『에드거 앨런 포: 삶이라는 열병』

후에 추리소설의 창시자로 평가받기까지 앞서간 자의 발걸음은 생소하고 버겁기만 했다. 포는 출판계 사람들과 잘 지낸 적이 거의 없었고, 그의 책을 꾸준히 읽는 독자도 드물었다. 해적판으로 출판된 책들도 많았고 이는 수익이 되지 못했다. 도박 빚까지 더해져 술에 의지하면서 건강은 악화되었다. 케네디 대통령의 초대에도 초라한 몰골 때문에 거절할 수밖에 없었다. 몸이 좋지 않다는 이유로 뉴욕대학 강연에도 서지 못한 날 엉망으로 취한 채 비틀거리며 술집 앞을 지나는 모습이 목격되었다. 술집의 어느 단골손님이 포에게 큰 소리로 이렇게 외쳤다. "미국의 셰익스피어!"

단골손님의 헌사는 하나의 암시였을까. 1860년 이후 무언가가 달라졌다. 앞서갔던 포의 발자국이 서서히 세상에 드러났다. 포를 기리는 문학클럽이 열렸고 대통령까지 참석하게 되었다. 그 후 대통령이 될 링컨이 한 해도 포를 읽지 않고 그냥 보낸 적이 없다고 말했다.

작가들의 고백도 이어졌다. 쥘 베른은 포의 과학소설의 속편 격인 작품을 써서 헌정했고 도스토예프스키는 『지하생활자 수기』의 러시아판 서문에 포의 영향을 언급했다. 가장 특별한 독자는 아서 코난도일이었다. 포가 창조한 캐릭터 뒤팽은 셜록 홈스의 일부가 되었다. 폴 오스터는 소설에서 이렇게 묻기도 했다. "뒤팽이 뭐라고 했더라?"

이처럼 뒤늦게나마 수많은 독자와 작가들이 알아본 포의 개성, 즉 포가 병적으로 집착하며 심혈을 기울여 일구어 낸 독창성은 어디에서 온 것일까.『어셔가의 몰락』에 묘사된 서재의 책의 목록을 정밀하게 분석한 작가 가이 대븐포트는 이렇게 썼다.

어셔가의 책 목록에는 낭만주의의 멋 부린 고문체의 강한 경향이 보인다. 학자들은 포가 이 책들을 다른 저작물들에서 가져왔고, 이 목록으로 우리를 매혹한다고 추측한다. … 포가 신경 쇠약과 지나치게 예민한 로더릭 어셔를 발명한 것은 아리스토텔레스부터 로버트 버턴까지 공부해서 정교화한 결과이자, 과도하게 예민하고 날카로운 감각, 민감성, 감수성을 가진 이의 기원을 이루기도 한다.
– 가이 대븐포드,『스틸라이프』

독창성이 어느 날 툭하고 갑자기 등장하는 것이 아니다. 포 역시도 대가들이 그랬듯 열정적으로 고서들을 탐독했다.

좋든 싫든 세상의 평가가 어떻든 옛것을 공부해서 좀 다른 세계를 구축해 냈다. 세상 사람들이 흔히 기대하는 특별한 영감의 비밀에는 예외가 없어 보인다.

포의 버지니아 대학생 시절 그가 지내던 13번 기숙사에서 포의 관심사를 엿볼 수 있다. 거창할 것 없는 소박한 대학생의 기숙사 방은 소설의 재료가 될 모든 것들로 지어진 아지트였다.

하지만 대학 내 그의 새로운 셋방-운 좋게 할당된 방 번호 13번의 기숙사은 그에게는 자유를 상징하는 곳이자 예술적 안식처였다. 검소한 목재 가구들과 깜빡거리는 수지 양초들 사이로 볼테르의 책들과 학교 도서관에서 빌려 온 오래된 역사책들, 그리고 삽화가 그려진 바이런 경의 희귀본 책이 놓여 있었다. 포는 바이런 경의 책에 들어 있는 삽화를 보고 기숙사 천장에 시인의 실물 크기 초상화를 그려 넣었다.
— 폴 콜린스, 『에드거 앨런 포: 삶이라는 열병』

포는 소설에 보이는 사물 하나하나에 숨결을 불어넣었다. 그것은 병적인 탐구를 거쳐 현실에서 길어 올린 세계였다.

그저 미국에서 찾기 어려운 가치들을 프랑스에서 발견한 결과에 그치는 것이 아니었다. 폴 오스터는 이 사실에 주목했다. 그는 포를 뼛속까지 미국인이었다고 강조했다.

여기서 제가 말하는 미국인이란 어떤 의미일까요? 미국이라는 문제를 직접적으로 다루는 작가입니다. 19세기 상반기에 미국의 작가가 다루어야 할 문제로는 신생국의 새로움, 어마어마한 크기, 미국인의 물질주의적 광기뿐 아니라 미국의 이념, 제2의 에덴이 될 운명을 지닌 나라의 유토피아적 꿈도 있었습니다. … 포는 미국의 전통 결여, 저속함, 늘 돈에 결정권을 주는 세태에 질려 뒷걸음질 쳤습니다. 하지만 포의 작품은 미국인이 아니고는 쓸 수 없는 것이었습니다.

– 폴 오스터, 『낯선 사람에게 말 걸기』

미국인이 아니고는 쓸 수 없는 것. 내가 환영받는 세계가 아니거나 혹은 등지고 싶은 현실이라고 해도 결국에는 쓸 수밖에 없는 것들. 포는 그 가치들을 놓치지 않았다. 1842년 발표한 소설 『아른하임의 영역』에서 보듯 포의 질문은 이런 것이었다.

"비록 당신이 이 세상에 존재하는 가장 부유한 사람일지라도, 당신은 어떻게 행복을 찾을 수 있을 것인가?"

그것은 어쩌면 유토피아를 이룬 미국인이라고 해도 반드시 행복을 확신할 수 있을까에 대한 반문일 수도 있다. 가장 가난한 사람이라도 어떻게 행복을 찾을 수 있느냐는 질문만큼이나 어려울지도 모른다.

인생이 그에게
레몬을 건넬 때

1844년 36세의 포는 뉴욕으로 이사했다. 브롱크스의 인근 포드햄에 구한 그의 집은 잔디와 과일나무로 뒤덮인 작은 농가였다. 세 개의 방 중에서 침실은 처마 밑에 자리한 좁은 공간이었고 거실과 부엌 하나씩. 많은 식구에 비해 검소한 집이었다. 그의 집을 둘러본 한 이웃은 말했다.

매우 깔끔했지만 무척 형편이 어려워 보였고, 가구라고는 찾아보기 힘든 집이었어요. 하지만 여태까지 보지 못했던 아주 매력적인 집이기도 했어요. 거실 바닥은 체크무늬 매트가 깔려 있었어요. 그리고 의자 네 개와 스탠드 조명 한 개, 그리고 벽걸이 책장 한 개가 가구의 전부였습니다. 그 작은 책장의 가장 좋은 자리에는 브라우닝의 책들이 차지하고 있었죠.
— 폴 콜린스, 『에드거 앨런 포: 삶이라는 열병』

우리 각자의 책장 가장 좋은 자리의 주인은 누구일까. 포에게는 브라우닝이었다. 글을 쓸 때 외부와 단절된 환경을 선호하는 작가들도 있지만 포는 두 개의 창 사이에 놓인 책상에 앉았다. 그의 고양이 캐터리나가 어깨 위로 뛰어올라 글 쓰는 모습을 구경했다.

포가 뉴욕의 맨해튼에 처음 도착했을 때 싼 월세 가격에 놀랐다. 하숙집 주인은 산더미처럼 쌓인 케이크를 무료로 제공했다. 그는 여러 곳으로 집을 옮겨 다녔는데 도심 지역인 애머티카로 이사했을 때에는 주변에 많은 서점과 책 판매상들이 있었다. 포는 작가들이 모이는 살롱에 초대되었고 '테이블 위에 수북하게 쌓여 가는 빵과 버터, 커피 잔의 개수만큼 작가들의 세계를 깊숙이 알아갔다.'

저렴한 월세는 작가, 예술가들을 끌어당긴다. 큰 부담이 되지 않는 비용으로 신경 쓰지 않고 작업에 몰두하기에 적합하다. 하지만 그것만으로는 부족하다. 풍요롭지는 않을지라도 넉넉한 인심과 글쓰기를 존중할 줄 아는 태도가 있었다. 그런 곳이라면 작가로서의 야망을 키워도 좋지 않을까.

"사람들에게 인정받으려면 먼저 사람들이 읽는 책이 되어
야 합니다. 그리고 이러한 이야기들은 언제나 많은 사람들
이 열렬히 원하는 것입니다."

포는 업계 사람들과 불화했지만 무조건 상업성에 거리를
두는 작가는 아니었다. 그는 사람들이 가치 있다고 보는 책
과 실제로 사는 책은 다르다는 사실을 꿰뚫어 보고 있었다.
영국의 저명한 작가들도 상업적 잡지에 선정주의 소설들을
발표했다. 하지만 포에게 그 잡지들을 찬양하는 글을 써달라
고 했을 때 응하지 않았다. 팔리는 소설을 추구하긴 했지만,
돈으로 살 수 있는 작가는 아니었던 셈이다. 뉴욕에서 그는
비평가로도 활동하면서 강연도 했고 잠시 주목받기도 했다.

포가 그날 밤 전까지도 일 년도 넘게 술을 끊고 대신에 진한
커피만 마시면서도 행복한 것을 보면, 그가 뉴욕 올 때 품었
던 문학적인 야망이 얼마나 크고 진지했는지를 미루어 짐작
할 수 있다. 그런 삶은 그에게 긍정적인 영향을 끼쳤다. 무엇
보다 포가 주업인 글쓰기를 꾸준하게 할 수 있게 되었고, 편
집 일에 있어서도 시간을 잘 지키고 부지런해서 신뢰할 수
있었다.

– 폴 콜린스, 『에드거 앨런 포: 삶이라는 열병』

이런 생활이 길게 이어졌더라면 어땠을까 상상하게 된다. 좋아하던 술도 끊고 커피로도 만족하며, 꾸준히 글을 쓸 수 있는 생활. 그 도시에서는 포도 성실하고 신뢰받는 사회인이 되었다. 결국, 주변 환경과 만나는 사람들이 미치는 영향에 대해서 생각해 보게 된다.

세상의 기준이 아니라 자신만의 태도로 살아가는 것을 보헤미안의 정신으로 바라본 알랭 드 보통은 보헤미안에게 특히 중요한 것은 같이 어울릴 사람을 고르는 것이라고 썼다.

포의 작품에는 세상에 지쳐 있는 한편으로 자신만의 세계를 추구하는 보헤미안의 정서가 담겨 있다. 알랭 드 보통이 지적했듯이 인간의 본성을 볼 때 사회에서 성공한 사람이 가장 지혜롭거나 훌륭한 사람인 경우는 드물며, 상업적 성공 능력보다 어떤 사람의 윤리와 상상력의 한계를 명백하게 보여 주는 표시도 없다는 것이 보헤미안들의 주장이었다.

모든 것에는 빛과 그림자가 있다. 사회적 성공의 이면에 가려진 그림자는 잘 보이지 않는다. 잊히기 쉽다. 보헤미안들이 같이 시간을 보낼 사람을 고르는 데 신중해야 한다는 지적은 낙천적인 미국적 취향을 피해서 파리로 소설의 장소를 옮긴 포의 사례에도 적용된다.

보헤미안들은 대도시에 살면서 지위에 관심을 가지는 사람들을 피하고 진정한 친구들과 매일 접촉할 수 있는 동네에 모여 살았다. 보헤미아의 역사에는 그들의 우정으로 유명해진 장소들의 이름들이 찬란하게 빛난다. 몽파르나스, 블룸스베리, 첼시, 그리니치빌리지, 베니스비치.
— 알랭 드 보통, 『불안』

1940년대 뉴욕은 시인들의 동네는 아니었지만 물가가 저렴해서 가난한 작가들이 부담 없이 머물 수 있는 곳이었고, 서점이나 출판업도 활발하여 지적 교류가 오갈 수 있는 살롱들도 많았다. 주류적인 정서와 거리가 있는 독창성을 보여 준 포에게도 그 동네는 호의적으로 다가왔을 것이다. 폴 오스터가 언급했던 뉴욕의 '시적 전통'은 이렇게 싹트고 있었다.

뉴욕에 거주하기 몇 년 전 포는 필라델피아에서 편집인으로 일할 때 유명 작가를 만날 기회도 있었다. 영국에서 찰스 디킨스가 방문했다는 소식을 듣고 자신의 책을 들고 찾아가 두 번이나 만났다. 포는 그렇게 출판 기회를 기다렸지만 소식을 받지는 못했다. 포 역시도 오늘날의 작가들이 당면하고 있는 숱한 거절의 나날들을 보냈다. 출판사를 찾아다니며 그의 선집을 사달라고 부탁했지만 허사로 돌아가기 일쑤였다. 그의 음주벽은 이렇게 다시 이어졌고 삶을 점점 궁지로 몰아넣었다. 포의 평전을 쓴 폴 콜린스는 기록했다.

포의 불행이 혼자만의 것은 아니었다. 같은 해 나다니엘 호손도 유사한 이유로 『열두 번도 넘게 들려준 이야기』의 발간을 거절당하고 충격에 빠졌다. 놀라운 점은 오늘날에도 작가들이 출판사들로부터 정확히 똑같은 거절을 당하고 있다는 것이다. 단편소설은 여전히 잘 팔리지 않고 있으며, 이전의 소설들을 모아서 한 권의 선집으로 만들어 내는, 속이 뻔히 보이는 장사를 할 만큼 출판사들은 어리석지 않다.

– 폴 콜린스, 『에드거 앨런 포: 삶이라는 열병』

포는 출판인들과의 건배사를 외치곤 했다.

"뉴욕의 잡지사들을 위하여! 그들의 저명한 편집인과 서로 간의 활발한 협력을 위하여!"

포의 평전을 쓴 작가 폴 콜린스는 포가 행복했던 인생의 몇 주에 대해 회고한다. 누이동생이 있는 고향 리치먼드로 돌아와 어린 시절 친구를 만나고 술도 마시지 않았다. 그 동네는 이제 폐허로 변했지만 그곳에는 포의 어린 시절이 있었다. 그는 동네 친구들과 거닐던 길목의 낡은 벤치에 앉았다.

"여기에 흰 바이올렛이 있었지."

무너져 가는 집으로 들어가 그는 과거의 습관대로 모자를 벗었다. 그곳에서 어린 시절 방문객들이 말했던 '짙은 곱슬머리에 별처럼 빛나는 눈으로 어린 왕자처럼 멋지게 차려입은 사랑스러운 아이'를 다시 만난 것일까.

윌리엄 카를로스 윌리엄스는 저서 『미국인의 기질』에서 포에 대해 이렇게 말했다.

그는 자신이 존재했던 장소와 시대가 빚어 낸 정신이었다. … 포가 보여 준 건 신세계, 더 나은 표현을 사용하자면 새 지역, 미국이다. 새로 일깨워진 장소적 정신의 최초의 위대한 표현이다. 포는 미국 최초로 문학은 진지한 것이며 예외가 아닌 진실의 문제라는 인식을 제공한다.

포의 일생을 기록해 온 지역 신문 「볼티모어 선」은 포의 장례식에 추모의 글을 올렸다.

"그의 천재성을 흠모하고, 한평생 질병과 허약함에 시달려야 했던 그를 동정해 온 모든 이들의 마음을 아프게 할 것이다."

「뉴욕 헤럴드」는 포의 부고 기사를 실으며 덧붙였다.

"포는 언제나 몽상가였다, 그는 상상의 장소(천국 또는 지옥)에서 살았는데, 그곳에 존재하는 사람과 사건들은 다 그의 머리에서 나온 것이다."

자신의 독창성으로 인해 고통받았던 비운의 천재 에드거 앨런 포의 비틀거림은 거절을 마주하고 상심한 오늘의 작가들에게 말을 건넨다. 인생이 작가에게 레몬을 줄 때, 시고도 쓸쓸한 맛을 온전히 감당하며 앞서 걸었던 에드거 앨런 포가 있었다.

생전에 주목받지 못했지만, 모두가 그랬던 것은 아니었다. 드물지만, 누군가는 그의 무덤을 찾았고 또 작가들은 책장을 다시 펼쳤다. 그림자만 자욱했던 그 틈으로 빛이 들어왔

다. 사실, 어둠 속에 갇혀 있던 그 빛은 너무 강렬한 것이어
서 오래 머물지 못했던 '지속될 수 없는 꿈'이었을 것이다.

단조를 좋아하세요?

"왜 그렇게 단조를 좋아해요?" 언젠가 피아노 선생님이 물었다. 그 질문을 받기까지는 별로 생각해 본 적이 없었다. 선생님은 쳐보고 싶은 악보를 가져오라고 했는데, 주로 단조의 화성을 이루는 곡들이 많았나 보다. 대답을 바랐기보다는 아마도 좀 더 밝은 곡을 쳐보라는 권유였을 것이다.

말로 다 할 수 없는 것들이 있다. 그래서 우리는 음악을 듣고 그림을 보고 책을 읽는다. 입 밖으로 내어지는 말 너머의 다른 언어를 상상한다. 그곳에서 내가 찾던 어떤 것들을 마주치기를 기대하면서, 혹은 이미 이름표를 붙여 놓지 못한 그것을 찾아내어 세상에 내놓은 누군가의 도움을 받기 위해서.

에드거 앨런 포의 책을 펼치다가 그 질문을 떠올린다. 글쓰기 작법을 다룬 책에서 그는 시적인 것이 무엇인가에 대한 질문을 확장한다. 증명할 필요 없이 유일하게 시에 합당한 영역에 대한 답은 아름다움이라고 선언한다. 가장 깊이 있고 동시에 가장 영혼을 고양시키면서 순수한 즐거움은 아름다운 것에 대해 숙고하는 데서 얻을 수 있다고 보았다.

어떤 종류의 아름다움이건 그것이 최상으로 구현되었을 때에는 어김없이 그것을 보는 감수성 예민한 영혼을 자극하여 눈물을 흘리게 한다. 따라서 구슬픈 우울함이야말로 모든 시적인 어조들 중에서 가장 합당할 것이다.
— 에드거 앨런 포, 「글쓰기의 철학」

구슬픈 우울함.

포가 아름다움에 이르는 어조로 선택한 정서라고 설명하기도 전에 이미 우리는 알고 있다. 누군가에게 다가가 깊은 인상을 남기고 머물 수 있는 자리는 슬픔이 차지하고 있는 것이다. 해피엔딩은 카타르시스를 주지만, 잊히기 쉽다. 그 순간의 위로는 있을지언정 현실과의 간극은 피할 수 없다. 그리하여 무언가를 알게 되는 그 길에는 눈물이 보석처럼 스며 있을 것이다. 안다는 것은 상처받는 것이고 우울해지는 것이다. 왜 가슴속에 새겨지는 작품은 대부분 비극인지 우리는 굳이 묻지 않는다.

물론, 모든 시들이 아름다움을 위해 슬프게 쓰여야 한다는 뜻은 아니다. 포가 활동하던 19세기 초반은 낭만주의가 주류를 이루는 시대였다. 문학에서 자연이나 감정, 영감 등이 주로 표현되었지만 그는 조금 다른 길을 갔다. 그는 '구슬픈 우울함'이이라는 정서가 증폭될 수 있도록 철저히 설계하는 방법에 집중했다. 예를 들어, 시 '갈까마귀'(The Raven)의 경우에는 구슬픈 우울함과 조화를 이룰 단어로 '결코 더는'(nevermore)을 찾아낸 후, 이 단어로 대단원에 이르도록 운율과 반복, 서사를 구성한 것이다. 이 과정에서 포가 설명하는 독창성이 매우 인상적이다.

사실 독창성은 결코 (매우 드문 힘을 지닌 뛰어난 정신들 안에 있는 독창성을 말하는 것이 아니라면) 일부 사람들이 생각하는 것처럼 그렇게 충동이나 직관의 문제가 아니다. 일반적으로 말해서 독창성은 정교하게 추구하여 발견해 내는 것이고 최고로 높은 급의 긍정적 탁월함인 건 맞지만 그 성취를 위해서는 발명보다는 부정이 요구된다.

"좋은 것은 대부분 나쁜 것의 부재에 있다." 고대의 시인 엔니우스는 말했다. 포가 설명했던 독창성에도 이 원칙이 적용된다. 흔히 독창성을 말할 때 이전에 없던 '발명'을 떠올리기 쉽지만, 그보다는 상투적인 것들을 배제하는 것이 더 중요하다. 이를 위해 정교하고 부단한 훈련이 필요한 것은 더 말할 것도 없다. 포가 시를 설계하는 과정에서 질문으로 삼은 것은 이런 것이었다.

"작품이 독자에게 남길 최종 인상은 무엇이어야 하는가?"

당대 작가들이 낭만주의에 심취하고 있을 때 포는 추론의 미학을 구축했다. 그는 괴물이나 귀신에 의지하지 않고 인간의 마음속 공포를 파헤쳐서 전율을 만들어 낸다. 철저한 설계로 이루어진 구성은 소설의 탐정 캐릭터 뒤팽을 통해 펼쳐진다. 그는 실제 범죄 사건의 기록물을 연구하면서 뒤팽을 창조했다. 특히 세계 최초의 사립탐정인 외젠 프랑수아 비도크의 회고록은 결정적인 역할을 했다. 프랑스의 천재적 도둑으로 이름난 비도크는 범죄 경력을 활용하여 경찰이 되었으나 끝까지 도둑질을 놓지 못했던 인물이었다. 뒤팽은 사색하듯 사건이 흘러가는 경로를 추적한다. 훗날 그는 셜록 홈스와 에르큘 포와로 등 합리주의적 탐정의 원형이 되었으며 문학에서 인간의 '사고'가 흘러가는 경로를 추적하는 방식을 선보였다.

또 한 가지 포의 독창성의 근원으로 볼 수 있는 것은 그의 어마어마한 독학 이력이다. 책과 기록물에서 뒤팽이라는 캐릭터의 힌트를 얻은 것처럼 그는 자신만의 독특하고 치열한 방식으로 지식을 축적했다. 포는 정규교육을 오래 받은 지식인과는 다른 길을 걸었다.

어릴 때부터 지적 능력에 두각을 나타내긴 했지만 도박과 경제적 문제로 버지니아 대학을 중퇴했고, 이후에도 학교에 입학한 적은 있으나 졸업하지는 못했다. 하지만 포는 문학뿐 아니라, 과학, 수학, 철학, 심리학 등 다양한 분야에 관심을 가진 광범위한 독서가였으며 특히 19세기 당대의 사상과 문학에 대한 이해가 깊었다. 그의 에세이나 편지에는 플라톤, 칸트, 뉴턴, 갈릴레오, 베이컨 등 사상가와 과학자들이 자주 언급된다. 여기에 생계를 위해 뛰어든 잡지 편집자나 비평가의 경험이 더해져 수많은 원고들을 다루면서 통찰력과 지식의 깊이가 확장되었다. 단순히 감상적인 문학가에 머무는 것이 아니라, 합리적 논리적 사고를 통한 과학적 사유방식으로 글쓰기에 접근했다. 심지어 우주의 기원을 설명하려는 산문 『유레카』도 썼는데, 이 작품은 오늘날의 빅뱅과 유사한 발상을 담고 있어 과학자들의 관심을 받고 있다.

결과적으로 남과 다른 길을 거치면서 이루어 온 지적 세계에서 그는 누구보다 독창적인 작품을 내놓았지만, 이는 동시에 그가 고립되고 배척받는 이유가 되었다. 어떤 면에서 포는 이 시대의 많은 창작자들의 근본적이고 아픈 고민을 먼저 마주쳤다. 학위와 문단의 네트워킹 없이 작품성만으로 인정받을 수 있는가? 독학으로 이루어 낸 성취를 인정받을 기회가 충분한가? 그는 도시에서 고립된 지식인이면서 한편으로 도시를 깊이 꿰뚫고 있는 작가였다.

단조의 음악에서 느껴지는 슬픔에 끌리는 이유는 무엇일까. 그 질문의 답을 포의 글에서 발견하게 되었다. 그는 '얻지 못한 무언가가 여전히 멀리에 있는 것'에 대해 설명한다.

이 갈증은 '인류'의 불멸성을 이루는 갈증입니다. 이 갈증은 영속적으로 이어지는 인류의 삶의 결과이자 징후입니다. … 우리는 실은 그 시를 통하여 혹은 음악을 통하여 우리가 잠시 그저 막연하게 감지할 뿐인 그 신성하고 황홀한 기쁨을 지금, 전적으로, 여기 지상에서, 즉시, 그리고 영원히, 움켜쥘 수 없다는 우리의 무능력에 대한 어떤 성마르고 조바심 나는 슬픔 때문에 울게 되는 것입니다.
— 에드거 앨런 포, 『글쓰기의 철학』

만약, 당신이 단조풍의 슬픈 음악에 빠져든다면.
『비터스위트』의 저자 수전 케인이 말한다.
"사무침에 가닿기 위해 단조 음악에 가닿기를 원합니다. 바흐와 모차르트의 많은 곡 알비노니의 아다지오 G단조를 들으며 패배와 불완전함과 깨어짐이 얼마나 큰 관대함으로 우리를 묶고 있는지 느껴 보세요."
슈베르트는 이렇게 탄식했다. "정말 즐거운 음악이라는 것이 존재하는가? 나는 그런 것을 모른다."

영원히 닿을 수 없는 것에 대한 갈망. 그 부서진 파편 속에서 새로운 싹이 튼다. 포는 오래전부터 그 비밀을 알고 있었다.

빅토리아 시대,
밤의 동행자들

소설가는 밤이면 거리로 나왔다. 19세기 빅토리아 시대 영국 사람들은 매일 신문의 연재를 기다렸다. 오늘날 넷플릭스 시리즈를 대하듯 그들은 신문을 읽으며 열광하고 수다를 떨었다. 찰스 디킨스는 작품을 완성한 후 연재한 것이 아니라, 연재 중 독자의 반응에 따라 줄거리와 인물을 조정했고 이 방식으로 유명해졌다.

소설가 이전에 기자로도 활약했던 디킨스의 글은 발걸음에서 시작되었다. 거리를 산책하며 관찰하는 일과는 그의 작품으로 이어졌다. 물론, 무조건 돌아다닌다고 해서 잘 써지는 것은 아니었다. 글쓰기를 지탱해 주는 도시는 따로 있었다. 1848년 스위스 로잔에서 쓴 편지에는 이런 이야기가 있다.

거리들은 저의 뇌에 뭔가를, 뇌가 작용하려면 없어서는 안 될 뭔가를 제공해 주는 것 같습니다. 1주일에서 2주일 정도 라면 불편한 외지에 있더라도 훌륭한 작품을 쓸 수 있습니다. 그런 다음 기운을 내 다시 시작하려면 런던에서 하루 정도만 지내면 충분합니다. 그러나 고혹적인 거리의 불빛 하나 없는 이곳에서 매일매일 글을 쓰기란 보통 힘든 일이 아닙니다. … 저의 작중 인물들은 주위에 군중이 없으면 도대체 움직이려고 하지를 않는 것 같습니다. (찰스 디킨스의 편지)
— 발터 벤야민, 『아케이드 프로젝트』

상상력을 자극하는 밤거리와 사람들이 보이지 않는다면 도무지 글쓰기 진도가 나가지 않았던 것이다. 하지만 디킨스에게 글감이 되어 주지 못했던 곳이 또 다른 이에게는 적합할 수 있다. 복잡한 도시를 떠나 호숫가에 오두막을 짓고 몰입했던 헨리 데이비드 소로처럼. 어떤 장소가 나에게 글쓰기 버튼을 누르게 해주는지는 누가 알려 줄 수 있는 것이 아니다. 각자가 터득해야 할 몫이다.

"비상업적 여행자"(The Uncommercial Traveller)
한때 디킨스가 썼던 연재물의 제목이다. 당시 영국에서

물건 팔러 다니는 외판원(Commercial Traveller) 대신 디킨스는 자신을 이야기와 풍경을 수집하는 '비상업적 여행자'로 정의하며 도시의 구석구석을 다녔다. 산업혁명 이후 초기 자본주의의 바람이 몰아친 런던 뒷골목이야말로 무수한 이야기들이 숨어 있는 장소였다. 『두 도시 이야기』, 『올리버 트위스트』, 『어려운 시절』 등 소설에 보이는 19세기 빅토리아 시대 특유의 암울한 도시 이미지는 그만큼 발로 거리를 다니면서 발굴해 낸 결과라고 해도 과언이 아닐 것이다. '거리에서 훈련된 디킨스의 눈과 귀'를 단련시킨 산책은 어땠을까.

산책의 고수들은 자신만의 가게 리스트를 가지고 있다. 디킨스 역시 즐겨 찾는 장소가 있었다.

코벤트 가든 새벽 시장에 가면 커피를 마실 수 있는데, 그 자체도 좋은 친구지만 따뜻하기에 더욱 좋았다. 게다가 아주 먹음직스러운 토스트도 먹을 수 있었다. 카페 안의 작은 부엌에서 커피를 만드는 사내는 헝클어진 머리카락에 겉옷도 입지 않은 데다, 잠에 취한 나머지 토스트와 커피를 만들지 않는 휴식 시간마다 칸막이 뒤로 사라져서는 켁켁대는 숨소리와 코 고는 소리의 복잡한 샛길로 빠져들곤 했지만 말이다.

거기에 커피 맛있는 집이 있는데 말이지. … 이렇게 시작하는 얘기에 솔깃하지 않을 수 있을까. 잡지에 소개되는 화려한 맛집 리스트가 아니다. 밤새 걸어서 발견해 낸 하루의 시작을 맛볼 수 있는 장소. 새벽시장의 활기와 따뜻한 김이 나는 커피와 토스트도 좋지만, 그는 사람들을 세심하게 관찰했다. 고된 밤의 끝이자 하루가 막 시작되는 시간이 겹치는 순간을 생생하게 드러내고 있다.

그렇게 나는 꿈을 꾸는 것처럼 런던 시내를 돌아다니며 영국 기업들을 구경했고, 감탄이 나올 만큼 멋진 것들에 대한 믿음에 잔뜩 고무되었다. 건물 앞을 올라갔다 내려갔다 하고, 앞마당과 작은 광장을 들락날락하다가, 회계 사무실 복도를 훔쳐보다 도망치기도 하고-남해회사 건물 앞을 지나는 내 발소리는 발이 작은 탓에 별로 크게 울리지 않았다. … 나는 이 다양한 장소들을 설명하기 위해 스스로 만들어 낸 이야기들도 런던이라는 도시만큼 열렬히 믿었다.

디킨스의 밤 산책은 꿈꾸는 것과도 같았다. 눈앞에 펼쳐지는 광경에 감탄했을 뿐 아니라, 개구쟁이 소년의 발걸음으로 탐험에 나섰다. 조용히 주어진 길을 걷는 것이 아니었다. 건물 내부를 오가고 뛰고, 훔쳐보기도 하면서 놀았다. 가장 중요한 것은 이 도시의 현실만큼 자신이 쓰는 이야기를 열렬히 믿었다는 사실이다.

거리를 떠도는 일이 늘 설레고 신나기만 했을 리 없다. 하지만 그 때문에 산책을 멈추거나 싫어하지 않았다. 좋을 때만 좋아하는 것은 어쩌면 진짜로 좋아하는 것이 아닐지도 모른다.

나는 온종일 사내아이들한테 괴롭힘을 당했다. 내 쪽에선 절대로 공격하지 않았다고 생각하는데, 아이들은 나를 갈림길로 내쫓고 문간으로 내몰며 아주 거칠게 대했다. … 이런 괴롭힘을 당한 후, 나는 전체적인 계획도 점검할 겸 작은 교회 묘지에서 휴식을 취했다. 그러다가 문득 사랑하는 사람과 한날한시 그곳에 묻힐 수 있다면 얼마나 좋을까 하는 생각을 했던 기억이 난다.

― 찰스 디킨스, 『밤 산책』

부당한 괴롭힘을 당하는 일도 있었다. 때때로 예고 없는 불운이 찾아오기도 하는 인생처럼. 하지만 그럴 때조차 그 거리를 떠나지 않았다. 그렇게 아픔의 기억이 오래 자신을 지배하도록 두지 않았다. 묘지에서 쉬는 소년이 사랑하는 이와 그곳에 묻히는 상상을 한다는 문장에서 놀란다. 아이 특유의 생동감, 꿈에 대한 믿음이 그를 일으켰다. 걸어 다니면서 머릿속으로는 늘 글을 쓰고 있었던 것이다.

거리에서 마주친 여러 사건들을 기록하면서 정리한 문장이 오래도록 기억에 남는다.

"그 후로 나는 나처럼 교육받고 순진했던 아이가 오염되는 데 얼마나 걸릴까 궁금할 때마다 그 일을 떠올리곤 한다."

길을 잃어도
괜찮아

어스름한 안개 낀 어둑한 도시의 뒷골목이 음악에서 들려온다. 영국 밴드 'TGTB&TQ'(The Good, The Bad and The Queen)의 곡을 들었을 때, 빅토리아 시대의 찰스 디킨스 소설이 떠올랐다. 어딘가 묵직하고 어두운 사운드도 그렇지만 앨범의 아트워크도 한몫했을 것이다. 인형극 무대 위로 도시가 활활 타들어 가고 있다. 겉보기엔 고전적이고 우아해 보이지만 빅토리아 시대 인간의 욕망 뒤로 소외와 갈등을 겪는 비정한 풍경이다. 19세기 번영하는 런던의 이면, 타들어 가는 비정한 세계가 있다. 과거의 역사적 현장을 음악으로 재현하며 현대 영국 사회의 정체성과 문제를 돌아보려는 시도이다.

어린 시절 TV에서 보았던 〈올리버 트위스트〉의 커다란 눈망울이 떠오른다. 아이들도 하나의 노동력으로 취급되던 초기 자본주의 시대. 산업혁명을 이룬 후 사회의 모든 것들이 자본을 향해 돌진해 가고 있었다. 유례없는 부가 축적되면서 빈부의 격차는 극심해지고 사회안전망이 아직 마련되지 못했던 때라 가난한 자들은 시스템에 의해 짓밟힐 수밖에 없는 구조였다. 빈자들에게는 더없이 잔혹한 시대였다.

디킨스도 어린 시절부터 공장에서 일을 하면서 가족 부양에 손을 보태야 했다. 이런 금전주의 세상에서 그는 어떻게 인간적 가치를 회복해야 할지 쓰는 것을 자신의 일로 삼았다. 암울했던 도시의 거리를 기웃대며 희망을 찾고 싶어 했던 아이의 눈빛에 소년 찰스 디킨스가 잃었던 길의 흔적이 보인다. '비상업적 여행자'라는 단어는 디킨스의 이런 저항을 은근한 방식으로 드러낸다.

"진정한 여행은 새로운 풍경이 아니라 새로운 눈을 갖는 것에 있다."
마르셀 프루스트 식으로 말하면, 굳이 새로운 곳으로 떠나지 않아도 발견에 이를 수 있다. 여행은 특정 장소에 매인 것이 아니다. 그렇다면 새로운 풍경도 아닌 곳에서 어떻게 새로운 것을 볼 수 있을까.

오래전부터 산책가들은 길을 잃는 것에서 그 답을 찾았다. '테라 인코그니타'(Terra Incognita)를 받아들이는 태도. 15세기 대항해 시대 옛 지도에 표기했던 미지의 영역은 지도에만 머물러 있는 것은 아니다. 리베카 솔닛은 '길을 잃은 상태를 편하게 느끼는 기술'에 대해서 말한다. 미지 속에 있다고 당황하거나 괴로워하지 않는 것은 불확실성과 미스터리를 수용할 수 있는 기술과 크게 다르지 않다고 했다.

길을 잃어 쓸쓸하고 울적해하는 소년이 보인다. 어른의 손을 잡고 교회를 가다가 구경거리에 정신이 팔려 그만 손을 놓친 디킨스의 산책을 따라가다 보면, 길 잃기 고수의 면모가 보인다. 처음엔 공포에 질려 울고불고 거리를 떠돌았지만 이내 앞날을 궁리하기 시작한다.

내가 기억하는 한 나는 집으로 돌아가는 길을 물어봐야겠다는 생각은 결코 하지 않았다. 길을 잃어버렸다는 사실에 자존심이 상해서 그랬을 수도 있다. 하지만 장래를 위해 내가 선택할 길이 갑자기 많아지다 보니 가장 쉽고 확실한 방법은 눈에 들어오지 않았을 거라고 조심스레 믿어 본다. 나는 그래 봬도 창창한 소년이었다. 아마 여덟 살이나 아홉 살쯤 되었을 것이다.

— 찰스 디킨스, 『밤 산책』

여덟 살 소년은 길을 묻지 않았다. 길을 잃었다는 사실 대신 앞으로 선택할 길이 갑자기 많아진 것으로 받아들였다는 부분에서 미지의 영역을 대하는 태도가 드러난다. 그것이 앞길이 창창한 소년 디킨스가 찾은 방법이었다. 아마도 여덟 살 인생 최대의 난관이었을 위기 속에서 그는 냉정하게 자산을 체크한다. 주머니에 있던 동전과 손가락의 유리 장식 반지 하나. 소년은 이를 부적처럼 무장하고 성공의 길을 찾아 나선 모험담 속으로 스스로 걸어 들어간다. 성공하여 화려한 마차를 타고 신부에게 청혼하리라. 조금만 울고 나서 눈물을 닦고 길을 떠나리라. 소년은 마음을 고쳐먹고 길을 묻기 시작한다.

디킨스의 성공 스토리가 되어 줄 장소는 런던 서부의 세인트던스탄 교회였다. 시계탑 분침이 재깍 소리를 내며 움직이다 정각이면 종을 치고 수많은 조각상들이 벽에서 소년을 내려다본다. 아이에게 그 조각들은 거인처럼 커 보였고 두려움과 존경의 마음으로 올려다본 석상들은 온화하고 빛나는 얼굴을 하고 있었다. 어디에선가 얼룩덜룩한 검은 개가 다가와 장난스럽게 쿵쿵대면 소년은 이제부터 이 녀석이 나의 성공에 발판이 되어 주리라 상상했다. 그렇게 길을 잃은 채로 거리의 기업, 상점들을 엿보며 살아 있는 이야기를 밟았다. 19세기 런던의 뒷골목의 이야기는 동화처럼 아름답지는 않았지만, 그는 도시 이면의 빛과 그림자를 두루 밟으면서 자신만이 쓸 수 있는 이야기를 발견했다.

"어린 시절 그 도시는 나에게 보석과 귀금속, 술통과 화물, 명예와 관용, 외국 과일과 향신료를 파는 거대한 상점이었다. 상인과 은행가는 하나같이 피츠-워렌(런던의 부자상인)과 뱃사람 신밧드가 합쳐진 사람들이었다."

늦은 시각이 되자 소년은 쓸쓸함에 빠져든다. 밤은 소년에게 다른 세계를 선사한다. 낮의 부산함 속에는 떠오르지 않았던 방의 작은 침대와 그리운 얼굴들이 떠오른다. 성공에 몰두했던 낮의 열기는 어디론가 사라져 버렸다. 다시 거리를 헤매다가 우연히 마주친 경비병의 손에 붙들려 경찰서에 도착한다. 이 길에서 처음 놓쳤던 어른의 손이 다른 어른의 손으로 다시 이어진다. 소년은 끝까지 자존심을 놓지 않는다.

"그가 나를 데리고 간다고 말했지만 실은 내가 그를 데리고 갔다."

이제 길 잃기는 끝났다. 그렇게 도착한 경찰서는 따뜻하고 나른했다. 아버지가 아이를 찾으러 올 때까지 소년은 난롯가에서 곯아떨어졌다. 깨우기 전까지는 한 번도 잠에서 깨지 않았다. 하루 동안의 모험담은 이렇게 막이 내렸다. 거리를 헤매며 마주쳤던 수많은 사람들과 풍경들은 잠잠해졌다. 눈부셨던 불꽃놀이는 사라지고 어둠과 재만 남겨졌다. 디킨스의 길 잃기는 이렇게 마무리된다.

"사람들은 내가 엉뚱한 아이였다고들 하는데, 내가 생각하기에도 그렇다. 어쩌면 지금도 엉뚱한 어른일지 모른다."

한 사람이
세계를 품으려 한다면

미래의 어떤 날 내 모습이었으면 하는 장면이 있다. 지구본이 한가득 놓인 책상. 한 노인이 태양계 모형을 가만히 바라보고 있다. 도서관에서 그는 그렇게 우주를 바라보거나 책들을 뒤적이며 시간을 보낸다. 알면 알수록 새로워진다는 말을 실험이라도 해보듯이 젊은 날보다 더 깊게 사물을 들여다본다. 노인들은 꿈을 꾸고 젊은 이는 이상을 볼 것이라고 성서는 예언했다. 노년의 꿈은 과거로의 도피가 아니라, 삶의 모든 파편을 모아 완성하는 마지막 거대 서사다. 그들은 이제야 비로소 사물의 이면을 꿰뚫는 눈으로, 젊음이 미처 보지 못한 본질적인 꿈을 꾸기 시작한다.

노년의 시간은 모래시계처럼 투명하다. 주어진 시간이 가느다랗게 흩어져 가지만, 대신 지나온 세월의 우주가 눈동자 안에 가득하다. 무언가를 처음 보는 아이처럼, 동시에 다시 못 볼 것들을 향한 유언과도 같은 시선이다. 지구본으로 둘러싸인 그 도서관의 책상 위로 노인의 우주가 빛나고 있다.

세상은 황혼으로 접어들지만
난 계속 이야기를 한다.
내게 힘을 주던 처음처럼
노래하는 목소리로
흔들리는 현실을 보호해 주고
미래를 위해 이야기한다.
— 빔 벤더스, 영화 〈베를린 천사의 시〉

고대 그리스의 시인 호메로스의 이름을 가져온 시인은 베를린의 국립 도서관에서 그렇게 시간을 보낸다. 세월의 뒤안길에서 희미해져 가는 노년의 시간이지만 도서관은 그에게 무한한 친구가 되어 준다. 사라지는 모든 것들을 붙들어서 잡아 두고 싶은 장소. 자신 역시 그 일부가 되어 사라질

것을 알지만, 그래서 더욱 머물게 되는 그곳은 바로 도서관
이다.

영화감독 빔 벤더스는 시인의 입을 빌려 "이야기꾼이 사
라지면, 인류는 그 어린 시절을 잃게 될 것이다"라고 선언한
다. 살아간다는 것은 어쩌면 유년의 꿈으로 다시 돌아가는
일일 것이다. 그 꿈에 멀어졌던 가까이 왔든 간에 사람은 잊
어 왔던 그 시간을 복원하고 싶어서, 혹은 존재했었다는 흔
적이라도 만져 보고 싶어서 책장을 넘긴다. 유년 시절에 뿌
리를 둔 오랜 이야기들이 묻혀 있는 장소. 특별하게 기억되
지는 않아도 결국에는 한 사람의 나아가는 발자국에 흔적을
새기게 되는 일. 조용히 느끼지도 못하는 사이에 자전하는
지구의 움직임처럼 그 장소를 찾는 인간에게 파장을 일으킨
다. 2차 세계대전을 치르고 황폐해진 도시, 처참한 역사의
잔해들만 남겨진 베를린 거리를 거닐며 노시인은 벙어리가
되어 버린 거리의 악사처럼 다시 노래하기를 꿈꾼다.

미국 독립영화의 기수인 코언형제의 발자국 역시 도서관
에서 비롯되었다. 그들은 도서관에 새겨진 이름들을 보며
자신들만의 미래를 믿었으며 깜깜한 암흑 속을 뚫고 나오는

빛줄기 사이로 미래를 비추어 보았다.

"컬럼비아 대학 도서관을 갈 때마다 늘 생각하는 게 있는데 거기 기둥에 아리스토텔레스, 헤로도토스, 베르길리우스의 이름이 새겨져 있어요. 우리는 네 번째에 제임스 M 케인의 이름이 새겨져야 한다고 믿죠."

코언형제는 도서관의 책더미 속에서 자신들의 영웅을 발견했고 그 안에서 영화의 목소리를 찾아내었다.

도서관에 발을 들이는 이들이라면 아리스토텔레스의 자장 아래 이끌렸을 것이다. 인류 역사상 가장 유명한 '모든 것을 알고자 했던 사람'으로서 그는 별과 식물, 동물의 장기, 논리와 윤리, 도시와 인간의 본성까지 모든 분야를 망라해서 분류하고 이해하려 했다. 그가 품어 온 질문은 이런 것이 아닐까.

"한 사람이 세계를 품으려 할 때 어떤 정신이 가능한가?"

한때는 정말 궁금했다. 어떻게 한 사람의 일생 그 유한한 시간 속에서 이토록 방대한 지식을 다 탐구할 수 있는 것인가. 아리스토텔레스는 지식의 축적과 전승까지도 내다보면서 질문을 끝까지 밀어붙였다. 물론 정신만으로 이루어질 수는 없는 일이었다. 알렉산더 대왕의 스승이라는 지위에서 얻을 수 있는 모든 것들을 동원해서 지식을 집대성하고 학문공동체를 키워 나갔다. 수많은 지식인들이 그의 손이 되어 주었고, 도서관의 사상적 기반을 마련하게 하였다. 그는 세계 전체를 책장을 넘기듯 읽고 싶었던 인물이다. '진리를 바라보는 눈'을 탐하는 이들은 그렇게 도서관을 서성인다.

"전형적인 도서관이란 없다고 생각해요!"

뉴욕의 공공 도서관에서 하나의 목소리가 들려온다. 다큐멘터리 〈뉴욕 라이브러리에서〉(Ex Libris-The New York Public Library, 2018)는 도서관의 풍경을 관찰자의 시선으로 담아낸다. 전자책이 널리 보급되고 숏폼 형식의 콘텐츠가 범람하는 시기에 도서관의 역할은 무엇인가에 대한 질문이 영화에 담겨 있다. 100년이 넘은 시간 동안 쌓여 온 도서관의 책들은 무엇을 말하고 있을까. 그저 책들의 저장소로 충분한가.

맨해튼의 작은 공립 도서관에서는 '그림 컬렉션'이 있다. 세계 최대 규모의 무료 그림 대출관. 지난 100년간 뉴욕의 예술가라면 거쳤을 곳이며 앤디 워홀도 영감을 훔쳤다는 자부심이 살아 있는 곳이다. 책을 쓴 저자들의 북토크와 독서

모임이 활발하고, 음악 공연도 즐길 수 있는 그곳이 바로 도서관이다.

3시간 동안 이어지는 도서관 일상 속에서 카메라는 하나의 메시지를 향해 간다. 오늘날 도서관을 특히 주목해야 하는 이유가 작가 토니 모리슨의 문장으로 남는다.

"도서관은 민주주의를 지탱하는 기둥이다." (Libraries are the Pillars of our democracy.)

부의 불평등으로 교육의 기회마저 희미해져 갈 때 도서관은 그 기울어진 운동장의 균형을 맞추는 역할을 할 수 있다. 노숙자의 출입을 어떻게 바라보아야 할지, 장애인들에게는 어떤 장소가 되어야 하는지에 대한 담론도 활발히 오가면서 전형성을 벗어나려 한다.

도서관의 독서모임에서 벌어지는 문학 토론이 귀에 쏙 들어온다.

"가르시아 마르케스를 마술적 사실주의로 마술에 대한 상상이 일상의 일부가 돼서 열정도 질병이라는 게 작가의 의도 같아요. 근데 인간 본성에 대한 깊은 이해가 담겨 있어요."

"망상 속에 살았어요."

"사랑이란 뭘까요?"

"이 책의 주제 중 하나는 사랑은 환상이라는 거죠."

마르케스가 보여 주고자 했던 세계를 이렇게 표현할 수 있다는 사실이 놀랍다. 열정도 질병이다. 그것이 사람을 끝까지 가게 한다. 무엇인가 아프게조차 할 수 없는 것이 세계를 바꾼 역사가 있었던가. 그 모든 환상이 말해 주는 사실 한 가지. 사랑은 환상이라는 것.

시인 유유세프 코무냐카(Yusef Komunyakaa)는 이렇게 주장한다.

"전 언어가 정치적이라고 봐요. 전 그걸 도구로 사용하고 있고요. 내게 생기는 일을 알려면 정세를 알아야 한다. 우리는 주변의 영향을 받기 때문이다."

누구라도 피해 갈 수 없는 이 세계의 현실. 우리는 모두 주변의 영향을 받는다. 그 속에 길을 찾고 발자국을 남기기 위해 오늘도 도서관으로 향한다. 지금 서 있는 그 자리에서, 질문은 아직 끝나지 않았다.

밀리언달러 호텔에서

"괜찮아, 안 다쳐. 존재하지도 않으니까."

그녀는 어리숙해 보이는 청년 톰톰에게 말했다. 눈에 띄는 미모를 지닌 엘로이즈가 그렇게 말하다니, 이상한 일이다. 그녀의 말이 틀린 것은 아니다. 이 도시에는 발 딛고 다녀도 눈에 보이지 않는 사람들이 있다. 특정 도시의 일도 아니다. 영화 〈밀리언달러 호텔〉은 어쩌면 세상에 있었으면 좋았을 집을 담아낸다. 지상의 방 한 칸 차지하지 못한 사람들이 머무는 호텔이 있다면 어떨까.

이 호텔의 옥상에는 'New Million Dollar Hotel'이라는 커다란 네온사인 간판이 걸려 있다. 1914년 완공 당시, 백만 달러라는 거액을 들여 만든 초호화 빌딩이라는 사실을 강조하기 위해 지어진 이름이었다. 하지만 시간이 흘러 이

지역이 낙후되고 또, 주변에 더 좋은 호텔들이 들어서면서 이곳은 소외계층과 빈민들이 모여 사는 호텔이 되었다. 화려한 LA의 도심 속에 버려진 섬과도 같은 공간이다.

자칫 개성 강한 최근의 도시들을 둘러싼 희미한 미래상에 현혹되기 쉽지만, 그것이 전부는 아니다. 오늘날 세계적으로 약 10억 명이, 즉 전체 도시 거주자 4명당 1명이 빈민가, 판자촌. … 자기 건축 중심의 비계획적 도시 구역에 살고 있다.
— 벤 윌슨, 『메트로폴리스』

빌딩숲이 즐비한 화려한 도심 어느 그늘에 그들이 있다. 부촌 근처에는 흔히 빈민가가 있고, 도시 개발로 새롭게 단장한 동네에서 흩어져 다른 거처를 찾아 떠도는 발걸음이 도시에 섞인다. 부랑자를 대하는 방식은 도시의 또 하나의 표정이다.

영화 〈파리, 텍사스〉에서 특히 인상적이었던 것은 주인공만은 아니었다. 말 없는 남자 트래비스가 하염없이 어느 교각 위를 걷고 있을 때 누군가의 외침이 들려온다. 점점 걸어가면서 목소리의 주인공이 있는 지점에 도착한다. 크게 분노한 미친 사람. 아무도 들어주지 않지만 그는 도로 위에서 말을 쏟아 낸다. 지나가던 한 사람의 발걸음만 그의 곁에 머문다. 세상에 세이프존은 없다고 외치는 그는 정말 미친 사람일까? 주인공은 그에게 다가가 가볍게 어깨를 토닥이고 다시 가던 길을 간다. 그 장면이 없어도 영화의 스토리는 아무런 지장이 없다. 그런데 왜 카메라가 멈추었을까. 그들도 영화의 일부이고 이 세계의 일원이라는 것을 확인해 주는 듯한 장면이었다.

영화 〈원스〉는 오프닝 장면부터 번뜩인다. 아일랜드의 더블린에서 버스킹하고 있는 남자의 주변을 어슬렁거리는 한 청년. 어딘가 정상 같지는 않은데, 음악을 들어주는 그를 무작정 내쫓을 수도 없다. 이럴 때 불길한 예감은 틀리지 않는다. 서성대던 그 청년은 돈이 담긴 기타 케이스를 낚아채고 전력질주한다. 필사적인 추격전이 이어지고 뮤지션은 돈을 되찾는다. 훔친 것은 밉지만 울먹이는 그를 토닥인다. 버스킹하는 그의 주머니 사정 역시 뻔할 텐데 청년을 밀어내지 않는다. 보기에 안 좋다며 모두 지워 낸다고 해서 아름다운 낙원이 되는 것은 아니다.

언젠가 서울역 주변에서 미팅이 있던 날이었다. 후배가 거의 울먹이는 표정으로 나타났다. 무슨 일이 있냐고 물었다. 지하철 개찰구에서 나오다가 갑자기 뭔가 훅 들어와 놀랐다. 알고 보니 어느 노숙자가 자기에게 바짝 붙어서 회전문을 통과했다. 대학 갓 졸업한 사회 초년생에게는 충격이었다.

생각보다 대단할 거 없지? 큰 피해를 준 것도 아니고. 주변에서 그렇게 다독여 주니 이내 괜찮아졌다. 잠깐 불쾌할 수 있어도 그냥 그뿐이었다. 노숙자 섭외 한번 해보면 괜찮아져. 어느 작가가 내뱉은 말에 웃었다. 시사 프로그램하면서 노숙자들 찾아다닌 이야기를 듣는다. 서울역을 지날 때면 여전히 그 많은 사람들을 잊고 살아가고 있다는 것을 새삼 돌아보게 된다. 이따금씩 우리는 소설가들의 시선에서 하나의 방향을 발견한다.

조지 오웰은 식민지 제국주의에 대한 죄책감으로 사회의 밑바닥으로 내려가기를 작정한다. 그는 인도에서 식민지 경찰 생활을 5년 동안 해오면서 속죄라도 하듯이 그 결심을 행동으로 옮겼다. 오웰의 결심은 제국주의를 넘어, 인간에 대한 모든 형태의 지배로부터 벗어나겠다는 의지였다. 그는 억압받는 사람들을 찾아 밑바닥까지 내려갔다. 그들의 편에 서서 압제자에 맞서고 싶었다.

며칠 동안 나는 아일랜드인 방랑자 하나와 런던 북부 외곽 일대를 떠돌았다. 나는 잠시 그의 길동무가 된 것이었다. 우리는 밤이면 한 방을 썼고, 그는 나에게 자기 살아온 얘기를 해줬으며, 나는 그에게 꾸며 낸 인생사를 들려줬다. 우리는 번갈아 가며 번듯한 집에 찾아가 구걸을 했고, 얻어 낸 것을 나눠 가졌다. 나는 아주 행복했다. 드디어 나는 '하류 가운데 최하류' 사이에, 서구 세계의 밑바닥에 있게 된 것이다! 계급을 가르는 벽이 무너져 내리는 것 같았다. 그리고 그 누추한 밑바닥에서, 사실 부랑자들의 끔찍이도 따분한 하류세계에서 나는 해방감과 모험심을 맛보았다. 돌이켜 보면 터무니없다 싶기도 하지만 당시에는 솔직하고 생생한 감정이었다.
— 조지 오웰, 『위건부두로 가는 길』

'하류 가운데 최하류'로 떨어져서 해방감을 느끼는 소설가는 우리에게 무엇을 말해 주고 있을까. 다른 사람들의 시선이 중요한 것이 아니다. 당시 자신이 느꼈던 것에 충실하게 몸을 던질 용기. 조지 오웰의 시간은 그렇게 채워졌다.

그런 해방감에 뒤지지 않았던 소설가가 또 있다. 찰스 디킨스는 불면증에 시달리다 거리로 나선 것이 계기가 되어 "아마추어 노숙자 체험과정을 이수했다"라고 적었다. 피곤한 몸으로 돌아오면서 불면증을 고쳤을 뿐 아니라, 그는 도시의 어둠과 그늘을 속속들이 알고 있는 생생한 이야기꾼이 된 것이다.

나는 내가 필요하면 어디에서 온갖 악과 불행을 찾을 수 있는지 잘 알게 되었다. 다만, 그것들은 잘 보이지 않는 곳에 있어서 내가 노숙자처럼 수 킬로미터의 거리를 그것도 혼자서 외롭게 돌아다니지 않았으면 절대 발견할 수 없었을 것이다.
— 찰스 디킨스, 『밤 산책』

도시의 숨겨진 존재들은 내보일 수 없는 상처를 안고 '밀리언달러 호텔'에 모였다. 잡다한 심부름을 도맡아 하거나, 할리우드의 환상에 빠져 있거나, 자신이 비틀스의 다섯 번째 멤버라고 믿고 있거나 로맨스의 망상으로 하루하루를 살아가는 그들.

존재하지 않는다는 말에 청년은 그녀에게 다시 묻는다.

"존재하지 않는다면 당신은 뭐죠?"

"난 가공의 인물이에요."

이 도시에는 각기 다른 차원을 지닌 사람들이 살아간다. 이 세계에 온전히 존재할 수 없다면 가공의 인물로 살면서 자신의 길을 가는 것이다. 현실에 적응하지 못하는 부분을 조금씩 가진 사람들에게 어쩌면 그들은 빛이 되어 줄 수 있다. 누가 누구에게 빚지고 빛을 비추는지 경계가 늘 선명한 것은 아니다. 하지만, 뒤늦은 깨달음이 슬픔으로 다가온다.

뛰어내리자 깨닫게 되었다.
삶은 완벽한 최상의 것임을.
멋진 일과 아름다운 놀라움과
TV로 가득 차 있음을
놀라움, 그 엄청나게 많은 놀라움
있을 때는 모르고 없어진 후에야
그 사실을 알게 된다.
나도 그걸 알게 됐다.
평소에는 그걸 깨달을 수 없다.
살아 있을 때는…

나의 삶은 2주 전에 시작되었다고 할 수 있다.
― 빔 벤더스, 영화 〈밀리언달러 호텔〉

밀리언달러 호텔의 옥상 위로 몸을 내던졌을 때 톰톰이
보았던 세상으로 우리는 다시 삶을 돌아본다.
온갖 부조리 속에서 그럼에도, 완벽한 삶이 있다는 것을.

PART 4

도시,
그리고
사람들

“도시는 장소가 아니라
관계다.”

– 리처드 세넷

필요할 때
돈을 손에 넣죠

마룻바닥에 그대로 앉는 것을 좋아한다. 세상에 안락하고 푹신한 자리는 얼마든지 있을 것이다. 하지만 아무것도 재지 않고 그대로 앉아도 되겠다는 안도감을 주는 곳은 흔하지 않다. 소탈하고 미니멀한 공간을 즐기는 누군가의 이야기가 시작된다.

리틀 이탈리아 지역과 바우어리 거리가 만나는 부근의 어느 두드러지게 활기 없어 보이는 한 건물의 7층. 그곳에 그의 집이 있다.

그는 여느 교외 주택가의 회사원처럼 일을 마치고 집으로 돌아와 마룻바닥에 쪼그리고 앉아 우편물을 읽는다. 그에겐 즐겨 찾는 바가 하나 있는데, 예술가들이나 노동자, 어린 친

구들이 단골이다. 바닥은 기울어 있고, 벽에는 막 전성기에
접어들 무렵의 프랭크 시나트라의 커다란 사진이 붙어 있다.
낯선 손님이 쉽사리 발을 들여놓을 분위기가 아니다.
— 루드비그 헤르츠베리, 『인디영화의 대명사, 짐 자무시』

눈에 띄지 않는 작은 소도시의 아파트에 터를 잡고, 집에
돌아오면 마룻바닥에 앉아 우편물을 읽으며 종종 즐겨 찾는
바를 찾는 일상. 그 사진을 요즘 소셜미디어에 올린다면 '좋
아요'를 받을지는 잘 모르겠지만, 상관없다. 그는 소셜미디
어에 그 사진을 공개할 리가 없으니까.

그렇게까지 관심을 구하지 않아도 그의 영화를 보겠다는
사람들이 널렸다. 영화 역시 사람을 닮았다. 내세우지 않는
데, 눈이 간다. 화려한 공간이라고는 찾아볼 수 없는데 오랫
동안 기억에 남는다.

그가 살고 있다는 집은 아마도 영화 〈천국보다 낯선〉의
이민자 윌리의 방과 비슷하지 않을까. 단순한 침대와 식탁
위 TV가 있던 작은 방 말이다. 〈영원한 휴가〉의 방은 여기서
더 미니멀하다. 마룻바닥에 매트리스와 작은 스툴 의자, 창
아래 스팀만 보인다. 아, 한쪽 구석에 레코드를 들을 수 있는

턴테이블이 있다.

〈패터슨〉의 부부가 살고 있는 교외의 오두막 같은 작은 집, 그리고 강아지와 산책 가는 동네의 작은 바. 그 모든 공간들은 그의 일상이 반영되었을 것이다.

공원을 걷다가 마당이 있는 카페를 마주친다. '자무시'라는 간판이 걸렸다. 분명 그의 이름이다. 영화감독 짐 자무시의 팬이 여기 또 있다. 오랜 한옥을 개조한 기와지붕 아래 자갈과 돌이 깔린 마당이 있다. 나무 아래 걸쳐 놓은 전구 빛을 따라 한옥으로 들어가니 천정의 서까래와 신발을 놓던 디딤돌의 흔적들, 나뭇결이 살아 있는 기둥들이 가옥을 받치고 있다. 중앙은 긴 바로 둘러 있고 그 안에서 커피나 스낵을 내는데, 천정으로 걸어 놓은 타프가 색다른 분위기를 만든다. 그대로 주저앉을 마룻바닥 대신 신발을 벗고 올라갈 수 있는 작은 다락도 있다. 자무시의 공간에 대한 한국적인 상상일까.

그의 인터뷰집을 읽다가 잠시 멈춘다. 저자는 짐 자무시를 이렇게 소개한다. '야심 없기로 유명한' 서른세 살 난 애크런 출생의 감독. "오, 제발 당신의 영화에 돈을 대게 해주세요!"라고 하는 사람들을 거느리면서.

도대체가 어떻게 야심이라고는 찾아볼 수 없는 그 영화감독에게 투자가 끊이질 않는 것일까. 흥행에는 관심도 없다는데.

인터뷰 질문은 한술 더 뜬다. "가족들이 걱정하지 않았나요?"

그의 아버지는 아들이 법대에 가거나 비즈니스 스쿨을 가길 원해서 서로 많은 문제가 있었지만, 영화가 반응을 얻은 이후로 아들의 직업을 받아들이게 되었다. 그렇더라도 변호사가 되었더라면 훨씬 기뻐하셨을 것이다. 아버지는 그의 첫 영화를 보고 이런 반응을 보이셨다.

"내가 영화 전체를 다 본 게 아니지?"

"다 보신 거예요."

"글쎄다, 뭔가 빠진 것 같은데."

야심이 없다는 말이 공허할 수 있다. 종종 더 큰 목표를 향한 수사로 이용되는 경우가 많기 때문이다. 또, 자본주의 사회에서 그 말이 미덕이 될 수 있는지 의문이다. 오히려 뭔가 부족한 사람으로 보이기 쉬운 것이 현실이다. 투자자들에게 어필해야 하는데 야심이 없다? 조금 뻔뻔해 보여도 차라리 욕망을 드러내는 것이 적어도 사기꾼은 아니겠구나 싶어진다. 오히려 솔직하다고 찬사를 보내는 이들도 있는 것이 현실이다.

하지만 정말 어려울지 몰라도 그렇게 살고 있다면 이야기는 달라진다. 아니, 어렵다는 표현은 맞지 않는다. 그에게는 그 편이 훨씬 자연스러운 것이고 쉬운 일이다. 그 이유는 단순하다.

"돈을 얻으려고 삶 전체의 스케줄을 거기에 맞춰 짜느니, 그냥 빈털터리가 되는 편이 낫겠다는 생각을 했어요. 그래서 전 할리우드에서 일하고 싶은 생각이 없는 거예요. 많은 사람들이 자신의 일생을 걸고 노리는, 그리고 또 실패하는 그런 기회가 저한테 찾아왔는데도 말이죠."

이런 생각은 영화 속 캐릭터들을 통해서도 드러난다. 그의 영화에는 성공을 향해 질주하는 캐릭터는 보이지 않는다. 그 인물들에 대해 이렇게 설명한다.

"돈을 위해 매일같이 계획을 세워 살거나, 돈을 중심에 두고 자신의 삶 전체를 조직하지 않아요. 그들은 필요할 때 돈을 손에 넣죠. 아마도 이건 제 모든 영화의 주제가 될 거예요."

필요할 때 돈이 들어온다. 그전까지는 주어진 것들을 받아들이며 산다. 이것이 자무시 영화에 드러난 태도이다. 어쩌다 도박이나 횡재 같은 운들이 끼어들기도 하지만, 돈이 이 세계에 작동하는 방식을 드러내는 것이기도 하다. 죽어라 쫓는다고 해서 반드시 손에 들어오는 것일까 하는 질문. 정작 그가 말하고 싶은 것은 따로 있다.

"저는 이 캐릭터들을 좋아해요. 자신의 방식대로 사물을 받아들이는 모습이 저에겐 중요해요. 그들은 소외된 사람들이지만, 생활 수준을 끌어올리기 위해 안달하지 않죠. 그들은 그저 변화를 바랄 뿐이에요. 새로운 카드 게임이나 뭐 그런 것들을 기대하는 거죠."

어쩌면 남다른 방식으로 성공했기 때문에 할 수 있는 결과론적인 이야기일 수도 있다. 그 역시도 모순을 인정한다.

"제 유일한 소망은 그저 계속 영화 일을 할 수 있고, 집세를 낼 수 있고, 크게 돈 걱정을 하지 않아도 되는 거예요. 그게 정말 저의 가장 큰 야망이에요. 어떻게 보면 이것도 일종의 모순이죠."

오래전 인터뷰이지만 시대를 뛰어넘는 태도가 엿보인다. 어느 암벽 등반가의 말을 기억한다.

"내가 흐름 속에 있음을 인식하는 거예요. 흐르는 것의 목표는 계속 흐르는 거예요. 정상이나 유토피아를 기대하는 것이 아니라, 흐름 안에 머무는 거예요. 위로 올라가는 게 아니라 계속 흐르는 거예요. 그 흐름을 지속하기 위해 오르는 거죠."

대단원의 드라마도 스펙터클도 없는 그의 영화를 기다리는 사람들은 그것을 보고 싶은 것이다.

무슨 일을
하세요?

무슨 일을 하세요? 살면서 많이 듣는 질문 중 하나이다. 누군가는 아무렇지 않게 답하겠지만 또 어떤 이들은 잠시 주춤한다.

"제 직업이요? 설명하긴 힘들어요. 진짜 하고 싶은 일이긴 한데, 진짜로 하고 있지는 않거든요."

살아 있는 동시에 살아 있지 않은 슈뢰딩거의 고양이도 아니고, 하고 있는데 하고 있지 않다는 이 대답은 무엇일까.

대답 그 자체보다 대답하는 방식이 그 사람을 말해 줄 때가 있다. 영화 〈프란시스 하〉의 스물일곱 살 무용수 연습생 프란시스의 상황은 그렇다. 무용수라고 답하기는 이르고, 그렇다고 연습생이라고 하긴 멋쩍다. 정확히는 무용단에 속해 있기는 한데 무대에 서지는 않는다. 몇 년째 대기 중 상황이지만, 언젠가 무용수라고 짧게 대답할 수 있는 날을 기다린다.

그런 시기가 이십 대에만 찾아오는 것은 아니다. 무슨 일을 하느냐는 질문이 반갑지 않은 한 아이의 아빠가 있다. 이미 소설가로 데뷔했지만 지금은 소설가라고 답하기 곤란한 상황이다. 심지어 수상까지 했었지만, 후속작이 없어 흥신소에서 겨우겨우 용돈을 벌고 있는 신세다. 세상의 주목을 받고 어머니의 자랑이 되던 순간도 잠시, 료타는 도박 중독에다가 남들 불륜 사진을 찍으며 다니는 철들지 못한 아빠이기도 하다. 영화 〈태풍이 지나가고〉에 인상적인 농담 장면이 있다.

료타가 어머니의 집에서 빈둥거리고 있을 때 어머니는 베란다의 화초에 물을 주며 말한다.

"이 귤나무 기억하니?"

비리비리해 보이는 엉성한 나무에도 어머니는 듬뿍 물을 뿌려 준다.

"고등학교 때 네가 귤씨 심은 거네. 꽃도 열매도 안 생기지만 너라고 생각하고 물 주고 있어."

따뜻한 손길로 무참한 팩트 폭격을 가하는 어머니의 캐릭터가 배우 키키 키린의 말투로 살아난다. 아들의 심기가 편할 리 없다.

"말씀 얄밉게 하시네."

여기서 물러날 어머니가 아니다.

"그래도 애벌레가 이 잎을 먹고 자랐단다. 어쨌든 누군가에게는 도움이 되고 있어."

볼품없고 열매도 없는 귤나무지만, 쓸모가 없는 건 아니다. 애벌레를 먹여 살리고 있다. 웃기면서도 씁쓸한 현실. 이 장르는 블랙코미디인가.

아이는 천진하게 아빠에게 묻는다. "아빠는 뭐가 되고 싶었어? 되고 싶은 사람이 되었어?"

머리가 제법 컸다고 동네를 어슬렁대는 교복 입은 일진들도 덤벼든다.

"아저씨 같은 어른은 되고 싶지 않아요!"

한 대 맞은 것처럼 얼얼한 질문들이 무차별적으로 폭풍처럼 찾아오는 시기가 있다. 차마 내보일 수 없는 시간들이 있다. 없었으면 하지만 어떤 일들은 일어난다. 그 애매한 시간을 부정하는 것이 맞는 것일까.

영화의 질문은 이런 것이다. 이대로 소설가가 되지 못한다면 료타는 잘못 살아온 것인가. 만일 프란시스가 무대에 못 서면 행복하지 못한가.

고레에다 히로카즈 감독의 책에 어느 정신과 의사의 인터
뷰가 있다.

원래는 의미를 묻기 전에 기분 좋게 살았다는 실감이 있어
야 합니다. 가족이나 친구, 주변의 자연과 접하며 생기 넘치
게 살고 싶다는 마음이 있어야 합니다. 그런 다음에 사는 의
미를 말해야죠. 태어났을 때부터 무언가를 위해-좋은 성적
을 받기 위해, 출세하기 위해-살면, 사춘기가 되어 사는 의
미를 생각하기 시작할 때 곧장 그 생각이 뒤집혀 훌륭하게
죽는 것으로 이어집니다.
— 고레에다 히로카즈, 『영화를 찍으며 생각한 것』 중 노다 마사아키 인터뷰

어떤 목표를 위해서가 아니라 일상이 주변 사물과 연결되
어 기분 좋게 지내고 있다는 실감. 그 정서를 강조하고 있다.
그것을 경험하지 못하면 목표를 향해 달리다가 어긋날 때
모든 의미가 사라졌다고 믿고 죽음으로 향할 수 있는 위험
에 처한다. 의미가 전부가 되면 그것이 이루어지지 않을 때,
삶의 이유도 잃게 된다. 자연과 가까이 지내는 사람들이라
면, 그 실감은 좀 더 쉬울 수 있다. 생태학자 웬델 베리는 이
렇게 설명한다.

지치고 더워하는 말에게 땀에 절은 마구를 벗겨 주는 게 특별히 주목할 일은 아닐 것이다. 찬 비를 맞으며 바깥에 서 있는 양에게 외양간의 문을 열어 주는 것, 닭에게 모이 몇 알을 던져 주는 것은 작은 일이다. 신문에서 보는 대단한 일을 하는 사람처럼 정말 중요한 존재는 아닐지 모르지만, 주변에 있는 모든 생명에게 중요한 사람이라는 걸 느끼게 된다. 자기가 하는 일을 누가 썩 알아주거나 관심을 가져 주는 건 아니지만, 자기가 하는 일에 대해 속으로 좋은 느낌을 갖고 있으면 누가 알아주지 않아도 상관없다. … 우리 가축이나 작물이나 밭이나 숲이나 텃밭 같은 게 모두 얼마나 잘 어울리는지 생각하기 시작하면, 속에 좋은 느낌이 들면서 나한테 어떤 일이 닥칠지에 대한 걱정은 별로 하지 않게 된다.

― 웬델 베리, 『온 삶을 먹다』

자연과의 조화만큼 사람들과의 어울림 역시 하나의 실감을 준다. 도시를 여기저기 뛰어다니며 동분서주하는 프란시스에게도 '지금 이 순간'이 있다. 자신의 직업을 설명했던 자신만의 태도가 사람들을 보는 시선에도 그대로 투영된다.

"누구와의 관계에서 제가 원하는 어떤 순간이 있어요. 사람들에 둘러싸여 있어도 우리만이 아는 그런 세계. 이번 생에 그 사람이 내 사람이어서 거기에 존재하는 비밀스러운 세계를 만나게 되는 거죠."

내가 신문에 날만한 일을 해서가 아니라, 주변과 잘 어울리고 있다는 실감에서 오는 좋은 느낌으로 편안해진다. 일상 속에서 사소하게 전해지는 충만감이 사람을 기쁘게 한다. 〈태풍이 지나가고〉의 고레에다 히로카즈는 자신의 세계관을 이렇게 압축한다.

"의미 있는 죽음보다 의미 없는 풍성한 삶을 발견한다."

당신 같은 어른은 되지 않겠다는 동네 아이들에게 료타는 맞선다.

"쉽게 원하는 어른이 될 수 있는 건 아니야."

되고 싶은 사람이 되었냐는 아들의 질문에도 답한다.

"아빠는 아직 되지 못했어. 하지만, 되고 못 되고는 문제가 아니야. 중요한 건 그런 마음을 품고 살아갈 수 있느냐 하는 거지."

여전히 무용수로 데뷔하지 못한 프란시스는 비싼 월세를 감당하지 못해 이사를 하고 친구들과도 헤어진다. 다시 문패를 달아 본다. 명패 자리가 작아서 이름도 다 쓰지 못하고 잘린 채로 끼워 넣어야 한다. 하지만 그런다고 이름이 달라지는 것은 아니다. 사람이 작아지는 것이 아니다.

료타가 아들과 모처럼 시간을 보내는 날 태풍이 몰아친다. 나무도 흔들리고 집이 온통 들썩거릴 폭풍우가 정신없이 몰아친다. 엉망진창이다. 이대로 다 끝난 것인가.

태풍은 지나간다. 아침은 빛날 것이다.

가까이에 누가, 무엇이 있는지 더 깨끗하게 선명하게 볼 수 있다.

여행이어도 아니어도 좋아

공중정원을 걷는다. 무성한 초록 나무들이 길옆을 지키고 있는 서울로 7017. 한참을 가다 보면 엘리베이터를 마주친다. 고가도로는 이제 사람들로 북적이는 산책로가 되었다. 옆으로 시선을 돌리면 아래로 차들이 휙휙 지나다닌다. 차 소리가 아득하게 발밑으로 멀어져 간다. 겹겹이 쌓여 있는 도시의 시간을 가로지른다. 차를 신경 쓰지 않고 내딛는 걸음에 리듬이 실린다. 좁은 데크 길을 만나면 머지않아 그곳에 도착한다.

도착하는 코스가 좋아서 종종 들르는 미술관이 있다. 회현동의 가파른 언덕에 있는 전시관 '피크닉'에서 하나의 사진을 본다. 이탈리아 볼로냐로 여행을 떠난다는 지인의 말이 생각났다. 한여름 짙은 태양의 그림자가 드리운 벽돌의 도시를 떠올려 본다. "볼로냐에서는 회랑만 따라 걸어도 도시를 탐험하게 된다"는 말이 있다. 1층에 대리석과 아치로 이루어진 회랑이 40km 넘게 이어지는 그곳. 화가들의 잔상이 도시 전체에 일렁이지만, 오직 하나의 이름만이 먼 땅으로 여행자를 불러냈다.

평생 여행도 하지 않은 채 자신의 세 평 작업실에서 그림을 그렸던 화가 조르주 모란디의 집이 볼로냐에 있다.

직접 살았다는 화가의 집에 내 발을 딛는 것이야말로 여행의 묘미일 것이다. 하지만 자신의 도시를 거의 떠나지 않았던 모란디라면 이렇게 내가 사는 곳에서 그 방을 바라보는 것도 의미 있는 경험이다. 남산을 바라보는 낡고 오래된 전시관 벽면에 한 장의 사진으로 걸려 있는 모란디의 작은 방을 가만히 본다.

있을 것만 있는 아주 작은 방. 타일이 깔린 바닥 위로 단출한 침대 하나, 그리고 벽에 바짝 붙인 책상과 테이블에는 길쭉한 병들과 바구니, 찻주전자, 페인트통들이 늘어서 있다. 사물들이 그 작은 공간이 주인이 누구인지를 말해 준다. 방에서 평생을 정물화를 그려 온 화가. 그 방에 '스틸라이프'(still life)의 리듬이 배어 있다.

이 소박한 공간의 테이블 위로 병, 찻주전자, 마른 꽃잎, 붓, 페인트 나이프들을 이리저리 움직이며 구도를 옮겨 보았던 화가의 손길이 있었다. 사물의 결정적 순간을 포착하려는 꿈을 꾸었다. 단순한 형태, 다운되어 있는 모노톤의 색감, 빛의 방향의 변화, 정물 주위의 공간감. 작은 방의 먼지 쌓인 그릇과 병들은 제한되었지만, 대신 변주할 수 있는 영역은 확장되었다. 무엇을 보느냐보다 어떻게 보느냐에 집중할 수 있었다. 그 그림을 보고 있으면 고요한 소리가 들릴 것만 같다. 여름바람이 창가로 들어와 병들 사이를 스쳐 가는 순간이 떠오른다. 고독한 묵상에 잠겨 있는 사물들의 풍경이다.

모란디 방의 여행자들이 한결같이 말하는 것은 먼지이다. 사기, 유리, 금속 같은 각기 다른 재질의 그릇들엔 사람의 손길로 마모된 흔적과 먼지들이 쌓여 독특한 층을 이루고 있다. 시간과 우연이 내려앉은 흔적이다. 어디에서도 환영받지 못했던 먼지가 사물과 만나서 순간과 영원을 동시에 속삭여 준다. 사물 위로 쌓여 온 시간 그리고 그림으로 태어나는 순간이 마주친 장관이다. 모란디가 지내온 작은 방의 맥락이 그대로 그림에 담겨 있다. 병들과 주전자, 그릇의 높낮이에 따라 리듬이 달라지고, 정물의 독특한 질감은 오브제에 집중하게 한다. 군더더기들은 모두 사라지고 고유한 본질만 남는다. 과도한 의미를 피해서 선과 면으로 향하는 단순하고도 고요한 세계에 도착한다.

모란디와 같은 고향 볼로냐 출신 학자 움베르트 에코는 전한다.

"모란디의 그림은 척 보기에 똑같은 붉은색이 집집마다 거리마다 미묘하게 다른 볼로냐를 걸어 본 다음에야 온전히 이해할 수 있다."

모란디 방의 여행자들은 볼로냐의 풍경과 색채를 통과해서 그의 그림에 더욱 다가갈 수 있을 것이다. 먼지의 더께를 감각할 수 있다. 그림 너머의 질감을 만져 볼 수 있는 공간이다. 모란디가 보낸 시간을 들여다본다.

그런데 왜 모란디는 그렇게 좀처럼 살던 곳을 떠나지 않았을까.

그는 이런 고백을 남겼다.

"2, 3일간 전시를 너무 많이 보면 마음에 여진이 남아 힘들다."

때로 여행이 주는 감흥이 일상의 리듬을 흐트러뜨릴 때가 있다.

모란디처럼 좀처럼 여행을 떠나지 못하는 사람들에게도 그의 작품은 말을 건넨다. 여행하지 않는 마음이 지어낸 흔들림 없는 견고한 리듬이다. 그림만으로도 충분한 시간이다. 모란디는 이렇게 말했다.

"인간의 눈으로 보는 것 이상으로 추상적이고 초현실적인 것은 없다. 물론 물질은 존재하나 자체의 고유한 의미는 없다. 우리는 오직 컵은 컵이며 나무는 나무라는 사실만을 알 수 있을 뿐이다."

그러므로 여행을 좋아하든 아니든, 언제든 떠날 수 있든 그렇지 못하든 우리는 모란디를 경험할 수 있는 것이다. 볼로냐의 작은 방에서도, 혹은 남산의 오래된 전시장에서도 모란디를 각자의 방식으로 볼 수 있다. 어느 쪽이든 다시 없을 스틸라이프(still life)의 세계다.

바쁘지만
우아하고 싶어

커피에 관한 한 그보다 유명한 사람을 찾기 어려울 것이다.

쉴 새 없이 커피를 마시고 일에 쫓기는 일상을 살아가는 패턴은 아마도 그때부터 시작이 아니었을까. 19세기에 이미 21세기 패턴으로 바쁘게 살았던 사람이 있다. 하루 50잔의 커피를 마시며 하루 12시간씩 일했던 그를 최초의 '바쁨주의자'의 위치에 올려놓아도 큰 무리가 없을 듯하다. 책장을 넘기다가, 잠시 멈춘다.

발자크는 … 현대 사회의 생존경쟁으로 인해 대도시 주민들이 받아들이지 않을 수 없게 된 삶, 즉 뭔가에 쫓기듯이 서둘러야 하고 때아니게 파멸에 이르는 삶을 살았다. … 발자크의 인생의 한 창조적인 정신이 그러한 삶을 공유하고 그것을 자기 삶으로 살아간 최초의 실례를 보여 준다.

— 에른스트 로베르트 쿠르타우스, 『발자크』

광기에 가까운 커피 집착. 그냥 마시는 걸로도 부족해서 나중에는 커피가루를 씹어 먹었다고 전한다. 밤낮 없는 글쓰기 노동을 이어 가기 위한 몸부림이었을까. 궁금해진다. '발자크 인생의 한 창조적 정신'은 어떤 것이었을까. 무엇을 위해서 그렇게 바쁘게 살았을까.

요즘 사람들에게 바쁘다는 것은 어떤 의미인가. 흔히 말하듯 '바쁜 건 좋은 것'이다. 어쩐지 중요한 사람처럼 보이기도 하고, 꽉 채워진 일정표만큼 믿음직한 성실의 증거도 없다. 바빠서 못 간다는 것은 가장 편리하고도 매력적인 핑계다. 나는 몰두할 것이 있고, 만나고 싶다고 해서 언제든 볼 수 있는 그런 사람은 아니야. 안 된다고 하니 상대방은 더욱 아쉬워진다. 주변에 이런 사람들만 가득하면 어쩌다 스케줄이 비어 있는 사람은 갑자기 초라해지기도 한다. 남들은 다들 무언가를 이루고 있는데, 나는 뭐 하고 있는 거지?

한바탕 바쁨의 폭풍이 지나간 자리가 텅 비면, 걷잡을 수 없는 우울이 찾아오기도 한다.

19세기 파리라는 급변하는 자본주의 도시를 살았던 발자크는 욕망과 계급 상승, 몰락, 사랑이 물결치는 사회 구조 속에서 성공하기 위해 바빴다. 거침없이 욕망을 드러낸 한편, 약간의 허세를 굳이 감추지 않으며 그 시대의 복잡한 공기를 가로질러 나갔다. 알고 싶고 이루고 싶었던 그의 욕망이 발자크의 고유한 창조적 정신과 만난 것이다. 이런 도시의 리듬이 그의 서사 구조이자 에너지였던 셈이다. 그 치열한 바쁨 속에서 자신만의 시각을 가지게 되었다. 발자크는 사람을 크게 세 부류로 나누었다. 일하는 인간, 생각하는 인간, 아무것도 하지 않는 인간. 다시 말해 그가 본 세 가지 존재 방식은 이런 것이었다. 바쁜 삶, 예술가의 삶, 우아한 삶.

그토록 바쁘게 살았던 발자크가 '아무것도 하지 않는 인간'을 '우아한 삶'으로 본 것이 흥미롭다. 발자크의 에세이 『현대생활의 발견』에는 우아함의 정수가 무엇인지에 대한 유머와 위트가 번뜩인다. 바쁜 삶이 우아한 삶에 대해 느끼는 결핍이 드러나는 방식이 눈길을 끈다.

필 장관이 샤토브리앙 자작의 집에 들어갔을 때 그는 떡갈나무로 둘러싸인 집무실로 인도되었다. 샤토브리앙보다 수십 배 부자였던 그는 이 단순한 가구들 때문에 영국의 과잉

공급 때문에 포화상태에 이른 자신의 순금, 순은 가구들이 단번에 초라해짐을 느꼈다.

— 오노레 드 발자크, 『현대 생활의 발견』

세상의 이치란 쉽게 알 수 없는 것이다. 바쁘지 않은 삶만이 바쁜 삶 사이에서 초라함을 느끼는 것만은 아니었다. 바쁜 삶이 이루어 낸 순금, 순은의 가구들이 단순한 떡갈나무 가구들 앞에 초라함을 느낀다. 바쁜 삶은 수십 배나 부자였지만, 취향을 즐기고 안목을 살필 시간은 그의 스케줄러에 없었던 것이다. 어쩌면 이런 초라함이라도 경험할 수 있는 바쁜 삶은 그나마 다행인지 모른다. 더 최악은 보고도 전혀 못 느끼는 것일 테니.

발자크는 바쁜 삶이 우아함으로 이어지지 못하는 것에 대해서 이렇게 정리했다.

"재능과 돈과 권력을 가진 사람이 행동하고 살아가는 원칙은 통속적인 삶을 살아가는 원칙과 전혀 다르기 때문이다. 아무도 통속적이기를 원하지 않는다. 따라서 우아한 삶은 본질적으로 태도의 과학이다."

발자크가 말하는 우아함은, 그렇다고 해서 쉽게 얻어지는 것은 결코 아니었다. 타고난 것만으로도 훈련만으로도 이룰 수 없다.

"갈고닦은 우아함을 진정한 우아함이라고 하는 것은 가발을 머리털이라고 하는 것과 같다."

그의 단호한 선언에 웃음이 난다.

어렵기도 하다. 재능이나 돈, 권력을 소유했어도 쉽게 넘볼 수 없는 우아함, 가발이 아닌 진짜 머리털. 그러니까 발자크가 말하는 진정한 우아함이란 무엇일까.

우아한 삶이란 외적이고 물질적인 삶의 완성이자 돈을 지적으로 소비하는 기술이다. 또는 모든 것을 남들처럼 하면서도 어떤 것도 남들처럼 하지 않는 법을 가르치는 학문이다. 조금 더 나은 방식으로 정의하자면 우리를 둘러싼 모든 것 속에서 우리가 본래 가진 매력과 취향을 발전시키는 일이다. 좀 더 논리적으로 말하자면 내 재산을 자랑스러워하는 법을 아는 것이다.

― 오노레 드 발자크, 『현대 생활의 발견』

발자크가 그렇게 커피를 들이켜 가며 20년간 쓴 소설이 100편이 넘는다. 그의 글이 빛을 보기까지 수많은 사업에 뛰어들어 실패를 맛보았고, 빚에 허덕여야 했다. 현실과의 전쟁을 치르며 쫓기며 글을 썼고 그 과정에서 초기 자본주의의 민낯을 제대로 겪어야 했다. 발자크의 고군분투하는 이런 기질이 그의 작품을 이끌었다. 한편으로 세상 바쁜 사람이 동경했던 것은 그 바쁨만으로 이루어 낼 수 없는 우아함이기도 했다. 사람은 늘 자신에게 없는 것을 갈망한다. 한편 이런 질문도 해볼 수 있다. 그래서, 바쁜 것은 의심의 여지없이 좋은 것인가.

『타이탄의 도구들』의 저자 팀 페리스는 묻는다. 모두가 바쁜 것은 사실이다. 하지만 질문을 가져야 한다. "나는 지금 정확히 무슨 일을 하고 있는가?"

"우리가 바쁘다는 말을 입에 달고 사는 이유는 우리가 지금 하고 있는 일의 대부분이 그다지 중요하지 않다는 사실을 가리기 위한 과장된 피로는 아닐까?"

어떤 이들은 바쁨을 예찬하고, 또 누군가는 여가를 꿈꾼다. SF작가 아서 C 클라크는 "미래의 진정한 목표는 완전한 실업이다. 그래야 우리는 놀 수 있다"라고 했다. 1930년 전 세계가 대공황에 빠져 있을 때 위대한 경제학자 존 메이너드 케인즈는 뜻밖의 낙관주의를 펼쳤다. 100년 후-2030년 즈음 기술의 발전과 자본의 축적으로 인간의 결핍이 해결

될 것이다. 인간은 생존을 위한 노동에서 해방되어 일주일에 15시간만 일해도 충분한 세상이 올 것이다. 떠올리기만 해도 기대가 된다. 그러다가 또 하나의 의문이 남는다. 여가 시간이 늘어난다고 해서 인류가 그 시간을 놀면서 보낼 것인가.

발자크처럼 치열하게 바쁜 에너지로 일하는 사람도 있고, 에드가 앨런 포처럼 사회에서 자신만의 공간과 리듬을 지켜가며 창작하는 사람도 있다. 어쩌면 바쁜 것이 좋은 것이냐는 질문은 바뀌어야 할지도 모른다.

르 라발리에 양은 우아하게 다리를 절었다. 그보다 더 많은 장애를 가진 인물들이 매력적인 정신과 놀랍도록 풍요롭고 열정적인 마음으로 자신의 결점을 승화할 줄 알았다. 사람들은 자신의 결점이 이점이 될 수 있다는 사실을 언제쯤 이해할 수 있을까! 완벽한 남자나 완벽한 여자란 가장 무가치한 존재이다.
— 오노레 드 발자크, 『현대 생활의 발견』

바쁜 삶이 자신의 기질에 맞는 것인지, 그 반대인지 알아내는 것이 더 중요하다. 사람은 자신의 기질을 제대로 알고

확장시켜 나갈 때 더 큰 세계를 만날 수 있다. 발자크의 말
처럼 정작 오늘 우리에게 필요한 질문은 따로 있는 것이다.

"사람들은 자신의 결점이 이점이 될 수 있다는 사실을 언
제쯤 이해할 수 있을까?"

그 일은 어떻게
나의 일이 되는가

늦은 여름밤, 잠을 청하다가 책을 집어 든다. 무심코 넘긴 페이지에는 안경점에서 일하고 싶다는 작가의 고백이 있다. 알코올 중독과 거식증 경험에 대한 솔직한 목소리가 들리는 그 책에 캐롤라인 냅은 이렇게 썼다.

나는 말한다. "나는 다음 생에는 안경점에서 일하고 싶어." 환상의 형태가 살짝 달라질 때도 있지만-은행 창구 직원이 되고 싶을 때도 있고, 24시가 편의점에서 일하고 싶을 때도 있고, 와이오밍주의 목장에서 일하고 싶을 때도 있다.-보통은 안경점이다. 나는 그 일이 직접적이고 수수께끼 따위는 없다는 점에 끌린다. 하루 종일 손님들을 의자에 앉히고, 안경테를 골라 주고, 작가 같은 직업이 사람들에게 세상을 보는 눈을 갖게 해주려고 간접적으로 우회적으로 애쓰는 것과는 달리 정말 문자 그대로의 의미로 사람들에게 세상을 보는 눈을 주는 것이다.

— 캐롤라인 냅, 『명랑한 은둔자』

작가의 심정을 따라가 본다. 직접적이지 않고 미스터리가 깃든 세계에 끌려 작가가 되었겠지만, 그 모호함이 늘 즐거운 것은 아니다. 좋아서 발들인 것들이 돌연 표정을 바꾼다. 그 일을 좀처럼 견디기 힘든 때가 온다. 한 사람을 반하게 했던 장점이 그와 헤어질 이유가 되는 것처럼, 내가 좋다고 시작한 그 일에 몸부림치게 되는 날이 있는 것이다. 때로 회의감에 시달리다 보면 자연스럽게 쏟아지는 소낙비마저도 바늘처럼 따가운 시간들이 찾아온다. 사람들에게 세상 보는 눈을 갖게 해준다는 작가라는 직업의 알량한 의미 따위는 집어치우고, 실제로 누군가의 시력이라도 교정해 주는 선명한 결과가 바로 드러나는 일을 한다면 이보다는 훨씬 보람 있지 않을까.

한번 배배 꼬이기 시작하면 좀처럼 풀릴 기미는 보이지 않는다. 그 시기에 들어가면 평소에 좋았던 것들이 슬슬 못마땅해진다. 비교적 시간을 마음대로 쓸 수 있다는 것이 프리랜서 작가들이 누리는 매력이겠지만, 일이 계속 이어지고 있을 때에 가능한 것이다.

하나의 일이 끝나고 공백이 길어지면 그늘이 따라온다. 사람의 마음이란, 일이 한창 몰릴 때는 평생 갈 것 같고 일이 없을 때에는 언제까지고 이런 날들이 계속될 것 같아진다. 모처럼 찾아온 여유 시간을 즐기는 것도 잠깐, 짙어지는 불안의 그림자를 붙들고 씨름하는 나날이 이어진다. 그러다 수다 모임에 나와서 이런 푸념을 늘어놓게 된다. 밤마다 맥주를 한 캔씩 따야 잠이 들어요. 혹은, 이런 질문. 우울증 치료 잘하는 데 아세요? 한시도 쉴 줄 모르는 성격이라면 다른 분야 공부를 시작했거나 이미 자격증 클래스 등록 완료. 눈에 띄게 증명이 되는 뭐라도 보고 싶어진다. 이걸로 한 달에 얼마는 고정 수입이 된다는데 해보고 밥을 살게요.

각자의 시간이 흐르고, 그 친구들에게 전화가 걸려 온다. 어쩐 일인지 여전히 우리는 그 일의 테두리 안에 있고 그 소용돌이 속으로 어느새 같이 빠져들고 있다. 어이없는 일들, 놀랄 만한 사건들 사이에서 아슬아슬하게 발등에 떨어진 불을 꺼나가고 겨우겨우 일을 마무리한다. 그래도 못다 한 말들이 있어 만난 자리에서 실컷 부조리한 상황들을 토로하다가 문득 잊었던 질문이 떠오른다.

근데, 저번 자격증은 어떻게 됐어? 새로 시작한 공부는?

친구의 눈동자에 다른 빛이 돈다. 잠깐 시간의 저편을 떠올리다 현재에 도착한다. 눈꼬리가 살짝 웃는다.

일하다가 결국 못 갔죠, 뭐.

그래서 결국 다른 길로 틀었다는 얘기는 아직 들려오지 않는다. 정말로 이상하게도 다른 곳을 기웃대고 있으면 옷자락이라도 잡아끌듯 일이 찾아와 그 자리로 되돌려놓는다. 여기저기 도망해 볼까 시선을 돌리면 어깨를 툭툭 두드려 거기 아니라고 사인을 보내는 것처럼.

이런 일들을 자주 보다 보니 과연 '나의 일'이라는 것은 무엇인지에 대해 생각해 보게 된다.

직업에 필요하다고 여겨지는 '재능'이란 것도 시간이 지나면 사람 생각만큼 큰 비중을 차지하는 것은 아니다. 중요하지 않은 것은 아니지만, 과대평가된 부분이 있다. 초창기에는 별로 재능 없어 보이는 사람이 어느 사이엔가 훌쩍 성장해 있기도 하고, 또 재능이 반짝하던 사람도 다른 자질이 받쳐 주지 못해서 오래가지 못하는 경우도 적지 않다. 천직으로 알았던 일도 어느 순간 멀어질 수 있으며, 또 전혀 생각지도 못했던 분야에서 두각을 나타내는 경우도 적지 않다.

지금 하고 있는 그 일이 엄청난 수익을 가져다준다면 그 일이야말로 나의 일일까.

한창 잘나가고 있을 때 그 일은 너의 일이 아니라고 말하기는 쉽지 않겠지만, 흔한 예로 큰돈을 번 스타라고 해서 모두가 행복하게 살고 있는 것은 아니니 그 역시도 '내 일'이라는 증거는 될 수 없다. 오히려 나에게 경제적으로 벌어 주는 것도 별로 없는데 그 일로 계속 끌려가는 경우가 혹시 더 '나의 일'에 가까운 것은 아닐까.

어떻게 그 일이 '나의 일'인지에 대해 알아차리는 것이 그리 쉽지는 않겠지만, 나는 때때로 사립탐정 필립 말로를 떠올린다.

필립 말로는 레이몬드 챈들러의 소설의 주인공이자, 작가의 페르소나이다. 사립 탐정이라는 직업을 어릴 적부터 꿈꿨다거나 큰돈을 벌었다는 얘기는 들은 적은 없지만, 그에게 일이 찾아오는 방식이 한 사람의 일이라는 것이 삶에서 어떤 것인가에 대해 보여 주고 있다는 생각을 한다.

아무 보람 없는 하루가 된다는 것은 알고 있었다. 누구에게
나 그런 날이 있다. 왜 살아야 하는지 깨닫지 못하고 있는
개. 모빌잣밤나무 열매를 찾지 못하고 있는 다람쥐. 언제나
기어를 잘못 조립하고 있는 직공. 이와 같은 비정상적인 작
자들만 찾아오기 마련이다.
— 레이몬드 챈들러, 『기나긴 이별』

1. '아무 보람 없는 하루'를 알고 있는 사람
그는 잠재적으로 일의 진수를 알고 있는 사람이다. 보람
없어 보이는 수많은 날들을 견디고 견뎌서 하나의 반짝임이
드러날 때, 사람들은 환호하겠지만 그 이면의 지루한 날들
은 잊히기 쉽다.

2. 주변의 비정상적인 작자들
어느 모로 보다 번듯하고 멀쩡한 사람들보다는 어쩐지
'비정상적인 작자'들이 주변에 가득한 것처럼 보인다. 그렇
지 않다면 (일명 '또라이의 법칙'에 따르면) 나 자신이 '비정상'
일 테니까.

필립 말로는 보통의 자신의 일과를 담담하게 고백한다.

사립탐정의 하루는 이렇게 지나간다. 이것이 전형적인 하루라고는 할 수 없지만, 그렇다고 이례적인 하루라고도 할 수 없다. 왜 이런 일을 언제까지나 하고 있는가. 그것은 아무도 모른다. 돈이 많이 벌리는 것도 아니고 그렇다고 즐거움이 있는 것도 아니다. 주먹으로 얻어터지기도 하고 저격당하기도 하고 유치장에 들어가야 할 때도 있다. 살해당할 위험이 없다고 단언할 수도 없다. 이제는 제정신으로 걸어 다닐 수 있는 동안에 발을 씻고 착실한 작업으로 바꾸어 보자는 생각을 해본다. 그런데 그럴 때면 도어벨의 버저가 울리고, 대기실로 통하는 문을 열면 새로운 사건과 새로운 고민과 불과 몇 푼 안 되는 돈을 가진 새로운 얼굴이 서 있다. "들어오십시오. 신가미 씨, 무슨 일로 오셨습니까?" 확실히 무엇인가 이유가 있을 것이다.
— 레이몬드 챈들러, 『기나긴 이별』

3. 왜 이 일을 언제까지나 하고 있는가.
그것은 아무도 모른다. 하지만 그 미스터리를 받아들인다. 좋은 날만 있는 것도 아니고, 위험이 없는 일도 아니며, 남들 보기에 착실한 일을 해야 할 듯한 의무감에 시달리기도 한다. 그런 고민들 사이에 서성이고 있는 사이 또 나에게 새로운 고민을 안겨 줄 일이 도착한다. 어느새 그 일에 응하고 있다. 필립 말로의 고백을 따라해 본다.

이런 사이클에는 분명 이유가 있을 것이다. 그 이유를 알아가게 되는 것. 그 질문이 계속 찾아온다면 바로 나의 몫이고 나의 일이다.

27세 클럽을 넘어서

그때는 27세가 까마득히 멀게 보였다. 우라사와 나오키의 걸작 만화 〈20세기 소년〉에는 낙담한 주인공이 있다. 록음악을 하면 27세에 죽을까 봐, 하고 농담 아닌 농담을 했던 그에게도 28세가 되는 날이 온다.

역시, 나는 록커가 아니었나. 켄지는 쓸쓸하게 말했다.

영원히 27세로 남은 천재 록커들의 리스트, '27세 클럽' 얘기이다.

가장 먼저 떠오르는 건 커트 코베인, 비교적 최근엔 에이미 와인하우스도 있다. 짐 모리슨, 지미 핸드릭스, 제니스 조플린… 등 27세 클럽 뮤지션들에 대해 연구한 책도 있다.

하나같이 반짝거리는 젊음을 보낸 그들은 왜 27세에 머물러야 했을까.

이런 생각을 해봐야 얻을 수 있는 것은 아무것도 없다. 그럴 시간에 문제집이라도 하나 더 풀었으면 번듯한 어른이 되었을 것이다. 그래도 세상은 정답이 아니라 질문으로 나아간다는 것을 믿는 사람 중 하나로 그 물음이 쉽사리 지워지지 않는다. 그러다가, 이런 쓸데없는 생각을 나만 한 것은 아니었다는 안도감이 찾아오고 또 나보다 먼저 고민해 온 사람들의 목소리가 들려온다.

레이몬드 챈들러의 소설에서 한 여인은 이른 죽음을 선택하며 이런 유언을 남긴다.

"인생의 비극은 젊어서의 아름다움이 사라지는 것에 있는 것이 아니라, 해를 거듭해 갈수록 추악해지는 겁니다. 저는 그렇게 되고 싶지 않아요. 안녕히 계세요."

이 문장을 읽을 때 한 대 얻어맞는 것 같았다. 세월을 감당한다는 뜻은 그저 찬란했던 빛이 조금씩 사그라드는 것에 가까운 줄 알았었는데, 더 바닥이 있단 말인가. 때로 젊어서도 감당하기 벅찬 절망을 만나는 사람들이 있고, 그 인물의 스토리가 꼭 보편적이라는 법은 없다. 하지만, 불꽃이 다 꺼져도 타버리고 남은 재처럼, 지워지지 않는 무언가가 앙금처럼 가라앉는다.

젊은 날의 죽음에 대해 작가 리베카 솔닛은 이렇게 썼다.

십대가 요절을 상상하는 것은 성인이 감당해야 하는 온갖 결정과 부담 때문에 자신이 어떤 사람으로 변할지 상상하는 것보다는 죽음을 상상하는 편이 더 쉽기 때문이다.

좀 더 구체적이다. 그리고 그 심정을 알 것도 같다. 단, 이해해 보려는 것이지 동조하거나 옹호하려는 뜻은 아니니 오해 말기를.

수많은 록스타들을 주변에서 차고 넘치도록 봐온 미국의 전설적 프로듀서 릭 루빈도 이렇게 썼다.

"많은 위대한 예술가가 젊은 나이에 약물 과다 복용으로 사망하는 이유는 존재의 고통이 무너지기를 바라며 약물에 의존하기 때문이다. 존재가 그렇게 고통스러운 이유는 그들이 애초에 예술가가 된 이유, 뛰어난 감수성 때문이다."

어쩌면 이미 알고 있었을 것이다. 차마 입 밖에 내기에도 슬퍼서 피하고 싶은 이야기를.

이미 27세는 언제 왔다 갔는지 모르는 세월을 지났고 여전히 지금의 나이는 믿기지 않는다. 그런데 자신의 나이가 믿어지고 납득이 되는 때가 있기는 한 것인가.

문득, 섹스 피스톨즈의 시드 비셔스가 말했듯 '죽기에는 너무 젊고 살기에는 너무 타락한' 것은 아닌가 뜨끔해진다.

돈을 벌게 해주겠다는 성공의 구루(guru)들이 넘쳐나는 시대에 릭 루빈은 좀 다른 이야기를 한다. 반지의 제왕 같은 영화에 나올 법한 수염 가득한 포스의 괴짜 할아버지는-스타워즈의 요다 같다고 소개되어 있다-에미넴, 비스티 보이즈. 런 디엠씨 같은 힙합 뮤지션부터 레드 핫 칠리페퍼스, 메탈리카, 에어로 스미스, 그린 데이 등과 함께 작업한, 장르를 초월한 프로듀서이다. 그는 27세에 멈추지 않고 계속해서 창조적 삶을 살아가기 위한 존재의 방식을 말한다. 이 책은 음악에 한정된 것이 아니라, 그 너머 창조적인 일을 오래도록 하고 싶은 사람들에게 작업에 대한 실질적인 지침이 될 수 있다.

작업에 대한 아이디어를 내는 단계에서부터 질문은 시작된다.

식물이 번성할 때 우리는 잎과 줄기의 꽃에서 생명력이 마구 튀어나오는 것을 볼 수 있다. 그렇다면 아이디어가 번성하는지는 어떻게 알 수 있을까?
— 릭 루빈, 『창조적 행위: 존재의 방식』

아이디어의 조짐을 알아채는 일. 어떻게 그 일이 일어나는가.

오랜 경험을 바탕으로 릭 루빈은 아이디어의 씨앗에 대해 말한다. 아이디어의 씨앗이 쏟아지고 그중 가려내야 할 때가 오면 그 아이디어가 떠오르는 순간을 한번 돌아보는 것을 추천한다. 어떤 씨앗에 집중할지 선택하는 최고의 기준은 흥분감일 때가 많다는 것이다. 무언지 정확히 잡히지는 않아도, 그 생각을 하면 들썩이게 된다면 그것이 좋은 아이디어일 가능성이 크다.

창조 작업을 할 때 이런 느낌을 주목하라. 몸속에서 일어나는 반응에 주의를 기울여라.

강렬한 반응을 알아차리라. 무언가에 거부감이 든다면 그 이유를 알아야만 한다. 강렬한 반응은 의미로 가득한 더 깊은 샘과 같다. 그것을 탐구하다 보면 창조적 여정에서 우리가 다음에 내디뎌야 할 발걸음을 알게 될 것이다.

그 결과는 우리가 정하는 것이 아니라는 사실을 기억해야 한다. 각자가 밀고 있는 씨앗에 관심을 주고 반응을 찾으려고 시도하라고 격려한다. 내가 이 작업을 이끌어 간다는 태도보다 작품이 스스로 원하는 방향으로 자라고 자연스러운 단계에 따라서 변하고 고유한 생명을 갖도록 하라고 전한다.

글 쓰는 사람들에게 특히 흥미로운 이야기들도 많다.

언젠가 김영하 작가가 한 이야기가 떠오른다. 뮤지션은 악기를 다루는 이미지가 있고, 화가들도 붓질하고 작업하는 '멋진' 상징적 모습들이 있을 텐데 작가는 뭐가 있는가?

보여 줄 게 없다는 것이다. 무슨 얘기인지 단번에 들어와서 웃음이 났다. 작가는, 글 쓰는 이들은 기껏해야 흰 모니터의 커서를 노려보거나 텅 비어 있는 백지를 보며 멀뚱멀뚱 씨름할 뿐이다. 꾸부정하게 앉은 모습이 초라해 보이지 않으면 그나마 다행이다.

김은희 작가의 말도 떠오른다. 드라마나 영화에 나오는 작가들은 노트북에 후다다다, 그분이 오신 듯 두들기는 장면이 많이 나오는데 자신은 도대체 누구 얘기일까 싶다고 했다. 물론 겸손이 깃든 태도일 것이다. 김은희 작가 부부의 솔직함이야 늘 웃음과 즐거움을 주니까. 어떤 말이 하고 싶은지 알 것 같았다.

"우린 멋지지 않아. 멋진 애들은 다 파티에 갔지. 우린, 여기 집에 있잖아."

영화 〈올모스트 페이머스〉(Almost Famous, 2000)에서 베테랑 평론가는 이제 막 작가의 길에 들어선 소년 윌리엄에게 말했다. 정말 그렇다. 멋져 보이는 구석이라고는 없고 그저 평범하게 자기 자리에 앉아 오늘 할 일을 하고 있을 뿐이다. 하지만, 그래서, 멋지지 않으면 의미도 없는 것인가. 그는 말을 이어 간다.

"하지만, 이 허튼 세상에서 정말 중요한 건 우리가 멋지지 않을 때 서로에게 줄 수 있는 것들이야."

그렇게 주목받지 못하는, 멋질 것 하나 없는 시간이 필요하다. 그 시간 속에서 누군가에게 줄 수 있는 것들이 생긴다. 그걸 믿어야 한다.

그래서 그 만화책의 켄지는 록커가 되지 못해 실망스러운 삶을 살았을까. 켄지의 친구는 말한다.

"하지만 다 늙어서도 굉장한 록을 하는 사람은 얼마든지 많거든."

위로일까, 희망일까, 사실일까.

답은 각자에게 다를 것이다.

그 시절 붙어 다니며 함께 음악을 듣고 공연을 보던 친구들도 이제는 뮤지션의 부고가 뜰 때 한 번씩 얼굴을 보곤 한다. 데이빗 보위가, 루 리드가, 크리스 코넬이 그렇게 떠났다. 그래도 그들이 음악으로 남아 주어서 감사한다.

존 레논의 죽음은 신화가 되었지만, 여전히 멋진 신곡을 내고 있는 폴 매카트니의 공연장을 찾는 것은 너무나 감격스러운 순간이었다.

> 나는 곡 쓰기를 좋아한다. 그래서 전보다 더 잘해야겠다는 생각은 말고, 그냥 해나가자고 말한다.
> ― 폴 매카트니

내가 좋아하는 사진 중의 하나는 폴 매카트니가 한참 후배인 블러의 데이먼 알반에게 담뱃불을 붙여 주는 것이다. 레드 제플린의 백발이 된 지미 페이지가 역시 한참 후배 잭 화이트의 기타 리프를 배우려고 몸을 낮추는 순간이다. 여든이 넘은 믹 재거가 공연을 소화하기 위해서 런던 하이드 파크를 매일 달리며 체력단련을 한다.

내가 좋아하는 음악가들이 오래 활동해 주기를 바란다. 그 리듬에 그 멜로디에 함께 머물고 싶다. 거장의 발걸음 뒤엔 지독하게 '멋지지 않은' 수고로움이 흙먼지처럼 쌓여 있을 것이다.

머리가 별빛으로
물들었네

"한참 찾았잖아."

어느 골목에서 치근대는 병사들을 만나 당황하는 소피에게 누군가 다가온다. 짧은 그 한마디가 이렇게 달콤하다니. 여기서 끝이 아니다. 골목을 거닐던 두 사람은 둥실 날아오르고 하늘을 산책한다. 두근대는 심장 박동을 닮은 왈츠 리듬의 멜로디를 따라 이어지는 황홀한 발걸음. 지금 우리는 하늘을 날고 있다. 이건 꿈이 아니다. 세상은 발아래 있다.

〈하울의 움직이는 성〉의 소피와 하울이 처음 만나게 되는 잊지 못할 명장면이다. 히사이시 조의 스코어로 꿈결 같은 장면이 눈앞에 펼쳐지고 모든 것들이 아찔하다. 그래, 이런 순간이 있었지. 하늘을 나는 것만 같은 순간들. 각자의 기억

속에 소피의 시간이 살아난다. 온몸의 세포 속에 설렘이 파동처럼 반짝거리며 흔들린다.

그러나, 세상 모든 일이 그렇듯 행복은 아주 잠시. 그래서 온전히 기뻐하기가 두렵기도 하다. 이 행복이 과연 얼마나 오래갈 수 있을까. 소피는 누구도 겪어 본 적 없는 마녀의 저주를 순식간에 마주한다. 거울 속에는 웬 노인이 하나 있다. 머리는 온통 백발에다가 주름만 가득한 얼굴. 뚱뚱하고 펑퍼짐한 몸매. 한 발짝 떼기도 버거운 노인의 걸음. 그게 나다. 하울은 여전히 아름답고 로맨스는 이제 막 시작되려 하는데, 나만 폭싹 늙어 버렸다. 이보다 더한 재난이 있을까.

이 영화를 처음 봤을 때에는 할머니가 된 소피에 대해 그리 깊이 생각하지 않았다. 그냥 그 나이에 감당하기 어려운 힘든 일, 그러니까 저주지 하는 정도로 넘겼다. 하지만, 세월이 지나면서 귓가에 맴도는 멜로디처럼 그 장면에 대한 질문이 점점 짙어져 간다. 동화 같은 아름다운 이야기 속에 이보다 가혹한 절망이 없구나. 만약에 내가 소피라면, 젊음을 잃고 아름다움마저 사라진다면, 나는 할머니의 모습으로 하울에게 다가갈 수 있을까. 세상은 노년에게 로맨스의 흔적을 지워 낸다. 애초에 그런 일은 모르는 사람이었던 것처럼 대한다. 하울의 성에 사는 꼬마는 늙은 마녀에게 묻는다. "할머니는 사랑을 해본 적 있나요?"

로맨스만 문제가 아니다. 30대만 지나도, 이따금씩 무대에서 밀려났다는 느낌을 받게 된다. 새로운 세대에게 조명이 쏟아지고, 나와 함께 했던 것들이 낡아진 것은 아닌가 의심도 해본다. 그러다가 어느 날 흰머리카락을 발견하는 날이 온다. 나에게도 이런 일이 일어나는구나. 놀람과 체념 사이의 묘한 감정을 경험한다. 어릴 적 어깨를 주물러 드리면 시원해하시는 어른들을 이해하지 못했었다. 더 세게 두드리라는 그 말 뜻을.

아, 이제는 더 알기 싫다. 얼마나 더 알아야 하는 것인지 덜컥 겁도 난다.

미술관에서 오랫동안 발길을 잡아끄는 그림을 만난다. 베레모를 쓴 노인이 담담한 표정으로 세상을 바라보고 있다. 어딘가 조금 침울하지만, 하고 싶은 얘기가 있어 보인다. 머리는 희어졌고 주름으로 빚어진 얼굴의 굴곡들. 평범한 망토를 걸치고 손은 가지런히 모으고 있다. 죽기 전 마지막으로 그린 63세 렘브란트의 〈1669년의 자화상〉이다. 눈에 띄는 면모라고는 찾아보기 어려운 노인의 얼굴에서 왜 시선을 떼지 못하는 것일까. 젊은 날의 생동감 넘치는 자화상보다 왜 자꾸만 마음이 가는 것일까.

작가 프루스트는 당당하고 자신감 넘치던 렘브란트 청년 시절의 자화상은 언급하지 않는 반면, 빚에 허덕이고 파산을 피하기 위해 매일 붓을 들어야 했던 비참한 말년에 남긴 늙은 화가의 자화상을 주목한다. 젊은 시절에는 당당하고 과시하기 위한 기술들이 많이 보였다면, 노년의 자화상에는 있는 그대로의 자신을 마주하는 용기와 고요한 성찰이 담겨 있기 때문이다. 당대의 화가들이 추구하던 아름다움에서 비켜나서 렘브란트는 거울처럼 자신을 들여다보며 붓질을 했다. 그는 멋지게 보이는 노년을 그린 것이 아니었다. 그저 보이는 대로 주름진 이마, 처진 눈꺼풀, 느슨한 입매가 그대로 드러난다. 짙은 명암 속에서 시간이 지나온 흔적은 더욱 깊어진다. 시간의 흐름 속에서 새롭게 맞이한 내면의 풍경이다. 렘브란트의 노년의 자화상은 미술사를 바꿔 놓았다.

렘브란트가 노후에 그린 그림들에서는 그에게 그토록 중요했던 황금빛 날, 그래서 그토록 생산적이고 감동적일 수밖에 없었던 그날이 이제 그에게 현실의 모두가 되었으며, 그는 그것을 가장 고통스럽게, 완전하게 번역하려는 노력만을 기울였음을 볼 수 있다. 그는 더 이상 어떤 아름다움이나 외부적인 진리에 신경 쓰지 않고, 오로지 그것만이 그에게 중요함을 깨닫고 그것을 잃지 않기 위해 모든 것을 희생한다.

— 마르셀 프루스트, 『독서에 관하여』 중 렘브란트

렘브란트는 더 이상 의뢰인의 만족을 위해 그리기를 그만둔다. 젊었을 때 그 역시 다른 사람의 인정으로부터 오는 명성과 부를 즐기는 화가들처럼 살았다. 존 버거는 20대 시절 작품에 그려진 렘브란트의 자화상을 보며 '전통적 연기를 하는 새로운 배우 스타일'이라고 했다. 하지만, 이제 더는 그럴 수가 없었다. 그림을 팔아 돈을 벌지 못한다고 해도 자신이 그려야 하는 것을 해야 했다. 그는 새로운 아름다움이 무엇이냐고 묻고 있다. 늙음이 어떻게 아름다움이 되는지를 그리는 것이다. 미술사학자 곰브리치는 렘브란트의 자화상들을 일종의 독특한 자서전이라고 보았다. 1669년 생을 마감하면서 렘브란트가 남긴 것은 헌 옷 몇 벌과 화구가 전부였다. 남김없이 자신에게 주어진 마지막 일에 충실했던 삶. 어떤 물질적 보상도 명예도, 세상이 기대하는 아름다움도 없었지만 그는 그것을 살았다.

젊은 날 느닷없이 닥친 늙음을 어떻게 받아들일 수 있을까. 너무나 늙어 버린 스스로를 거울로 마주하면서 소피는 어떤 반응을 보였던가. 울고불고 눈물을 한 바가지쯤 쏟았을까. 마녀에게 저주를 퍼부으며 칼을 갈아야 했을까. 놀라서 종종걸음을 치긴 했어도 그녀는 침착해야 한다는 것을 알았다. 소피는 자신을 주름을 매만져 보며 이렇게 말한다.

"괜찮아, 할멈. 건강해 보이고 옷도 잘 어울려."

다른 사람들이 놀랄 것을 염려하여 멀리 떠나는 뒷모습은 조금 쓸쓸해 보이지만, 그렇게 계속 나아간다.

하울은 이제 소피에게 누구냐고 묻는다. 천연덕스럽게 새로운 청소부 할멈이라고 대꾸하는 소피. 누구도 자신을 주목하지 않지만, 청소도 해주고 음식도 챙기며 할 수 있는 것들을 한다. 매일 밤 전쟁을 치르며 돌아오는 하울은 이런 말도 한다.

"아름다움이 없다면 존재의 의미가 없어."

늙어서 좋은 것은 울 일도 줄고 놀랄 일도 없는 거구나.

소피는 자신의 상황을 받아들이며 해야 할 일들을 한다. 어쩐 일인지 소피의 주변에는 딸린 식구들이 늘어간다. 자신에게 저주를 퍼부은 늙은 황야의 마녀에게까지 수프를 떠먹이고, 순무대가리 허수아비, 늙어서 켕 소리 내는 스파이 강아지도 늘 주변을 맴돈다. 하울은 엉망진창이 된 자신의 모습을 들키려 하지 않지만, 소피는 속삭인다. "나는 하울이 괴물이라도 너를 좋아할 거야."

아마도 소피가 늙어 보지 않았다면 이런 감정을 알 수 있을까. 아름다움이 나를 멸시할 때 그것을 끌어안을 수 있었을까.

소피의 저주가 약해지는 순간이 있다. 호기심을 갖거나 희망을 품을 때, 소피는 잠깐씩 소녀의 모습처럼 보인다. 그리고 자신이 좋아하는 하울의 고민을 풀기 위해서 그의 어머니 연기를 하기도 하고, 먼 과거 속으로 뛰어들기도 한다. 하울의 과거 속에서 심장의 비밀을 알게 되고, 다시 만날 날을 기다리며 손을 흔든다.

"미래에서 너를 기다릴게."

소녀 시절에서 미래로 나아오면서 흩어지던 소피의 눈물 방울들을 기억한다. 걸어가기는 하겠는데 자꾸만 눈물이 나.

이 짧은 한마디는 세월의 무게를 전해 준다. 젊음과 늙음 사이에 남모르는 무수한 눈물이 있다. 하지만 그래도 우리는 걸어서 앞으로 나아갈 수밖에 없으니.

늙는다는 것은 모든 나이의 마음을 품고 있는 것이다. 언제 그 마음을 끄집어내야 하는지를 제대로 알고 있다면 누구든 친구로 만들 수 있는 것. 젊기만 했다면 절대로 알지 못했을 것들까지도 헤아릴 수 있는 것. 때로 후회의 감정이 폭풍처럼 밀려온다고 해도, 한 번 더 나아가 볼 수 있는 것.

멋진 풍경 앞에서 찻잔을 들며 소피는 자신을 여기까지 데려와 준 모든 것들에 감사한다. 늙었다고 슬퍼하기엔 아름다운 것들을 많이 보았고, 감탄할 것들은 바닥나지 않는다. 나이 들고 늙었다고 해서 아름다움을 보지 못하는 것은 아니다. 아니, 어쩌면 더 깊이 바라보게 되었는지도 모른다. 심지어 저주를 퍼부은 마녀까지도 끌어안고 입을 맞출 수 있을 만큼의 미지의 감정까지도 품게 되었을 수 있다. 저주로 노인이 되었지만 외모에 매이지 않게 되었고, 눈치 보고 움츠렸던 젊은 날에서 벗어나 더 자유롭고 주도적으로 움직이게 된다.

자신은 젊고 아름답지만 사실은 겁쟁이라고 고백했던 하

울에게 무슨 일이 일어난 것일까. 소피가 하울의 심장을 찾아 주었을 때 그는 새로 태어난 아이처럼 눈을 뜨고 소피를 바라본다.

"소피 머리가 별빛으로 물들었네. 아름다워!"

하울도 이제는 새로운 아름다움에 눈을 뜨게 된 것이다. 겉모습이 아니라 함께 지낸 시간 속에서, 오가는 마음과 눈빛 속에서 잠들었던 세계가 깨어난다. 모두가 알지만 실제로 받아들이기까지의 간극은 별과 별 사이처럼 멀다.

인생의 회전목마는 계속 돌아간다. 그래서 우리는 다시 소피를 만났던 하울의 첫마디를 기억하게 된다. 그건 우연도 아니고, 첫 만남도 아니었다. 이미 오래전부터 하울은 과거의 기억을 더듬어 오랫동안 소피를 찾아다닌 것이다. 미래에서 기다린다고 했던 그 말을 가슴에 담고 살아온 것이다. 그 기다림으로 누군가의 인생에 닿게 되었고, 그 무게로 짧은 한마디는 그 어떤 수사 가득한 고백보다도 반짝인다.

"한참 찾았잖아."

한 사람에게서 별빛을 발견하기까지 이렇게 멀리 와버렸다. 거저 주어지는 것이 아니다. 젊음과 늙음 사이에서 때때로 비틀거릴 때 하울과 소피를 찾아야겠다.

언제가 와본 듯하다는 소피의 고백처럼 오래도록 그 아름다움을 기억하고 싶다.

도시와
테이블에 놓인
노트

이야기를 찾는 다큐멘터리 작가의 도시 산책

글 오명은

발행일 2026년 2월 10일 초판 1쇄

발행처 다반
발행인 노승현
출판등록 제2011-08호(2011년 1월 20일)
주소 서울특별시 마포구 양화로81 320호
전화 02-868-4979 팩스 : 02-868-4978

이메일 davanbook@naver.com
인스타그램 @davanbook

© 2026, 오명은

ISBN 979-11-94267-59-1 03800